儿童安全教育系列丛书

中小学生食品安全 与营养*128*问

王秀丽 ｜ 著

首批全国优秀出版社 　中国农业出版社
农村读物出版社

图书在版编目（CIP）数据

中小学生食品安全与营养128问 / 王秀丽著. —
北京：中国农业出版社，2021.1
（儿童安全教育系列丛书）
ISBN 978-7-109-27659-8

Ⅰ.①中… Ⅱ.①王… Ⅲ.①食品安全 - 青少年读物
②食品营养 - 青少年读物 Ⅳ.①TS201.6-49
②R151.3-49

中国版本图书馆CIP数据核字（2020）第254099号

中小学生食品安全与营养128问
ZHONGXIAOXUESHENG SHIPIN ANQUAN YU YINGYANG 128 WEN

中国农业出版社出版
地址：北京市朝阳区麦子店街18号楼
邮编：100125
策划编辑：李 梅　　　责任编辑：李 梅
版式设计：水长流文化　　责任校对：吴丽婷
印刷：北京通州皇家印刷厂
版次：2021年1月第1版
印次：2021年1月北京第1次印刷
发行：新华书店北京发行所
开本：880mm×1230mm　1/32
印张：3.5
字数：100千字
定价：29.80元

食品安全与营养奥秘无穷！

食物是人类生存和健康的基础，健康的社会由身心健康的人组成，而这一切都依赖于安全营养的食品和合理平衡的饮食。少年强则国强，健康强壮的青少年是民族复兴的希望，是国家的未来。本书写给中小学生，希望同学们通过阅读本书，安全饮食，营养全面，活力满满，健康快乐，今天努力学习，将来成为建设国家的栋梁。

本书分为两部分，第一部分是讲"食品安全"，系统介绍了与我们中小学生息息相关的食品安全知识，如什么是食品安全，什么是食品污染，每日饮食中的安全隐患，还有大家都很关心的添加剂问题等，希望帮助大家学会辨识安全的食品，远离食品安全风险等。第二部分是讲"食品营养"，如中国人的"膳食宝塔"是怎样的，我们需要从食物中获取哪些营养成分，哪些食物中含有我们需要的营养素，以及怎样应对我们中小学生成长发育阶段的营养需求等。本部分内容可以帮助我们理解自己身体和食物的交互作用，了解自己随着环境、运动等变化对食物的不同需求。

本书内容贴近生活，既科学又充满趣味，非常适合同学们阅读，在食品安全和营养健康的"干货"知识中，你可以发现食品生产的玄机，探索食物营养的奥秘。希望本书能帮助同学们增强饮食方面的自我保护意识，降低遭遇食源性疾病的风险，养成平衡膳食的健康饮食习惯，健康茁壮地成长。

目录

食品安全与营养奥秘无穷！ 3

I 食品安全篇

1. 什么样的食品是安全的？ 12
2. 什么是食品污染？ 13

一 我们的食品安全守则，守护你的食品安全 14

3. 什么是食品安全的"黄金守则"？ 14
4. 什么是中小学生食品安全六项"纪律"？ ... 16

二 防范食源性疾病——食物中毒 17

5. 什么是食源性疾病？ 17
6. 食物中的致病因子从哪里来？ 17
7. 食源性疾病有哪些症状？ 18
8. 万一突发性食物中毒，我们该怎么办？ ... 20
9. 如何预防微生物引起的食源性疾病？ 20

三 预防生物性污染，阻击食品安全的"头号杀手" ... 22

10. 为什么说生物性污染是食品安全的头号杀手？ ... 23
11. 什么是细菌污染？ 23
12. 如何预防食品被细菌污染？ 24
13. 什么是真菌污染？ 24
14. 黄曲霉毒素可怕吗？ 25

15. 如何预防黄曲霉毒素对我们的伤害？
    发霉的食物还能吃吗？ 25

16. 食物的病毒污染有什么严重后果？ 26

17. 如何预防幽门螺旋杆菌感染？ 27

18. 如何预防李斯特菌感染？ 27

19. 为什么说金黄色葡萄球菌"很顽强"？ 29

四 预防化学污染，严防食品安全的"隐性杀手" 29

20. 食品化学污染从哪儿来？ 29

· 食品添加剂，合法使用很安全 31

21. 什么是食品添加剂？ 31

22. 食品添加剂安全吗？ 32

23. 为什么一定要用食品添加剂？ 33

24. 什么是食品添加剂的使用"军规"？ 33

25. 我国的食品添加剂品种比国外多吗？ 34

26. "零添加"的食品真的更安全吗？ 35

27. 非法添加在食品中的"甲级战犯"有哪些？ 35

· 一次性餐具和打包，仅让食物暂时栖身 38

28. 一次性餐盒加热会释放有毒物吗？ 38

29. 怎样使用一次性餐盒是安全的？ 39

30. 哪些食品不适合打包？ 40

31. 如何防范食品化学污染？ 40

五 预防物理污染，警惕食品安全的"感官杀手" 42

32. 什么是食品的物理性污染？ 42

33. 食物的物理性污染来自何处？ 42

34. 如何预防食品物理污染? ⋯⋯⋯⋯ 43

六 看懂食品包装信息,购买安全食品 ⋯⋯⋯⋯ 43

35. 食品的包装形式有什么不同吗? ⋯⋯⋯⋯ 44

36. 食品标签上都有什么?哪些信息非常重要? ⋯⋯⋯⋯ 45

37. 营养标签上 NRV 是什么? ⋯⋯⋯⋯ 46

38. 怎样看懂食品配料表? ⋯⋯⋯⋯ 46

39. 食品中为什么要添加防腐剂? ⋯⋯⋯⋯ 47

40. 所有的食品都有防腐剂吗? ⋯⋯⋯⋯ 47

41. 不含防腐剂的食品更安全、更健康吗? ⋯⋯⋯⋯ 48

42. 保质期越长的食品添加的防腐剂越多吗? ⋯⋯⋯⋯ 49

43. 过了保质期的食品到底能不能吃? ⋯⋯⋯⋯ 49

44. 冷冻食品有保质期吗? ⋯⋯⋯⋯ 50

45. 保存时间越长的食品越不安全吗? ⋯⋯⋯⋯ 51

46. 蜂蜜有没有保质期? ⋯⋯⋯⋯ 51

七 我要做食品安全小卫士 ⋯⋯⋯⋯ 52

47. 如何判断食品是否腐败? ⋯⋯⋯⋯ 52

48. 什么是"三无"食品?买到"三无"食品怎么办? ⋯⋯⋯⋯ 53

49. 怎样才能买到更安全的食品? ⋯⋯⋯⋯ 54

50. 烹调过程中会产生有害物质吗? ⋯⋯⋯⋯ 54

51. 如何避免不当的烹调带来的食品安全隐患? ⋯⋯⋯⋯ 55

52. 剩饭菜怎样处理更安全? ⋯⋯⋯⋯ 56

53. 怎样能尽量去除果蔬上的农药残留? ⋯⋯⋯⋯ 57

54. 为什么说分餐制更安全、更合理? ⋯⋯⋯⋯ 58

II 食品营养篇

一 膳食营养重在平衡——中国人的"膳食宝塔"   60

55. "膳食宝塔"是什么？ 60

56. 什么是健康饮食的"金科玉律"？ 61

57. 什么是"隐性饥饿"？ 62

58. 怎样才能平衡膳食，摆脱"隐性饥饿"？ 63

二 中小学饮食营养守则，守护你的健康   64

59. 中小学生所需营养有哪些特征？ 64

60. 中小学生合理摄入营养"三原则"是什么？ 64

61. 中小学生每天吃什么、吃多少比较合适？ 65

62. 中小学生应补充哪些矿物质？ 66

63. 中小学生运动后该补充哪些营养？ 67

三 主食——粗精搭配，杂食多样更合理   68

64. 不吃主食有哪些危害？ 68

65. 主食只有大米白面可选吗？ 69

66. 主食吃多少合适？ 70

四 蔬果——作用特别，不可相互替代   70

67. 为什么要多吃蔬菜？ 70

68. 水果、蔬菜可以相互替代吗？ 70

69. 蔬菜应该先切还是先洗？ 72

70. 哪种烹调方式最有利于保存营养素？ 72

71. 生食和熟食哪种更利于摄入蔬菜的营养? · · · · · · · · · 73

72. "选择蔬果要'好色'"的说法对吗? · · · · · · · · · 73

73. 哪些水果蒸熟吃更有营养? · · · · · · · · · 74

74. 烂了一部分的水果吃掉还是扔了? · · · · · · · · · 75

五 肉、蛋,适量摄入,选好吃对　　　　　　75

75. 肉的种类这么多,该吃哪种呢? · · · · · · · · · 75

76. 肉的每日食用量应怎样控制? · · · · · · · · · 76

77. 不同部位的猪肉怎么选? · · · · · · · · · 76

78. 不同部位的牛肉怎么选? · · · · · · · · · 77

79. 多吃鱼真的能变聪明吗? · · · · · · · · · 78

80. 肉吃多了有什么危害? · · · · · · · · · 79

81. 鸡蛋怎么吃最营养? · · · · · · · · · 79

82. 蛋白与蛋黄,营养哪个强? · · · · · · · · · 80

83. 一天吃几个鸡蛋比较好? · · · · · · · · · 80

84. 吃鸡蛋能补铁吗? · · · · · · · · · 81

85. 鸡蛋可以生吃吗? · · · · · · · · · 81

86. 蛋壳的颜色与营养有关吗? 土鸡蛋的营养更丰富吗? · · · 81

六 奶和豆,有补益　　　　　　82

87. 牛奶为什么被称为"白色黄金"? · · · · · · · · · 82

88. 为什么说牛奶是最佳补钙食物? · · · · · · · · · 82

89. 有奶皮的奶才是好奶吗? · · · · · · · · · 83

90. 饭后喝酸奶能助消化吗? · · · · · · · · · 83

91. 复原乳是"假牛奶"吗? · · · · · · · · · 84

92. 乳酸菌饮料也是酸奶吗? 84

93. 怎样选购巴氏杀菌乳? 85

94. 全脂、低脂和脱脂,牛奶如何选? 85

95. 为何有"会吃豆,胜吃肉"的说法? 86

96. 豆子和豆芽,吃哪个有利于营养吸收? 87

七 盐和油,须限量   87

97. 为什么高盐会使免疫力降低? 87

98. 高盐饮食会导致哪些疾病? 88

99. 怎样能减少食盐的使用? 88

100. 不吃盐更健康吗? 89

101. 脂肪和糖,哪个是肥胖的主因? 89

102. 脂肪、油是一回事吗? 90

103. 为什么说反式脂肪酸是对健康不利的不饱和脂肪酸? ... 90

104. 反式脂肪酸在哪些食物中含量较多?应注意哪些食品名? 91

105. 怎样控制反式脂肪酸的摄入量? 91

106. 我们需要哪些必需脂肪酸? 92

八 保证饮水量,饮料不是水   93

107. 人的需水量和哪些因素有关? 93

108. 喝水真是多多益善吗? 93

109. 边吃饭边喝水会影响消化吗? 94

110. 运动时更适合喝运动饮料吗? 94

111. 运动后喝什么能迅速补水? 94

112. 饮料可以当水喝吗? 95

九 中小学生也需饮食调理，健康成长更美丽 95

113. 为什么说"多吃牛排、鸡蛋、
    牛奶是抗疫最好的方法"？ 95

114. 怎样平衡免疫力？ 96

115. 补铁最有效的食物有哪些？ 97

116. 为什么那么多人需要补钙？ 97

117. 怎样才能高效补钙？ 98

118. 含钙较高的蔬食有哪些？ 99

119. 钙补充剂怎么选？ 100

120. 补钙剂，怎么吃更利于吸收？ 100

121. 能帮助我们提高记忆力的食物有哪些？ 100

122. 怎样通过饮食调理缓解睡眠困难？ 101

123. 考前冲刺阶段该怎样安排饮食？ 102

124. 哪些是与"爆痘"有关的饮食？ 103

125. 远离痘痘该怎样吃？ 103

126. 缓解压力该注重摄取哪些营养素？ 104

127. 真的有"垃圾食品"吗？ 106

128. 为什么未成年人不能饮酒？ 107

· 附录 109

C O N T E N T S

PART

I

食品安全篇

食品安全问题关系到每一个人的安危和健康，尤其是中小学生，你们是祖国未来的建设者和主人翁，健康的青少年是民族复兴的希望。食物是铸造健康体魄的"钢筋水泥"，安全、营养的饮食使青少年健康成长，而没有安全的食物，无以论膳食的营养和健康。

1.什么样的食品是安全的?

安全的食品是指无毒、无害，符合应有的营养要求，对人体健康不造成任何急性、亚急性或者慢性危害的食品。

安全的食品应具备以下几个条件：

（1）食物必须干净

食物须符合国家的食品卫生标准，不含不洁之物，特别是绝对不能含有对人体不利或有毒物质。

（2）食品必须含应有的营养素

如含有蛋白质、脂肪、碳水化合物、维生素、矿物质、纤维素等。如果这些营养素缺乏或含量不足，就会影响食用者的健康。安徽阜阳的"大头婴"事件，就是由于孩子食用的奶粉中蛋白质、脂肪含量严重不足，维生素和微量元素钙、铁、锌等婴儿必需的营养素含量极低甚至没有，因而严重影响了婴儿的生长发育。不同的食品营养成分和含量不同，而食品营养价值的高低，除取决于它所含的营养成分外，还取决于是否满足食用者所需要的量。

（3）食品的色、香、味、形和品质等感官性状符合一定的要求

这一点是一个相对的规定，因为由于地区、国家、民族、气

候、职业、年龄、收入、食品供应和生活习惯等因素，人们对食品感官性状的要求千差万别，比如有些人无辣不欢，有些人对辣避之不及，所谓众口难调就是这个道理。

（4）包装合理、开启简单、食用方便、耐贮藏运输

另外，食品的"外衣"和食用、贮运安全也很重要。近年来频发的自热火锅伤人事件，就是食用不便导致的食品安全事故。

2.什么是食品污染？

世界卫生组织曾发布过一份数据：每年全球有十分之一的人会因食用受污染的食品而患病，导致近50万人死亡。

太可怕了！本来是给人提供营养和能量的食品，因为受到污染，就会危及生命。

那么，食品是怎么被污染的呢？食品在进入我们口中之前，需要经历一段漫漫长路，包括种植或饲养、生长、收割或宰杀、加工、贮存、运输、销售、烹调等多个环节，在这个过程中，如遇有害食物、污水喂养或进行污水灌溉，不当使用农药等，以及在食品加工中不适当地使用添加剂，在储运、销售中沾染污物、霉变、腐败等都会使食品受到有毒有害物质的侵袭，间接或直接污染食品，降低食品的营养价值和安全卫生质量。

具体来看，按污染源的性质，食品污染可以分为生物性污染、化学性污染和物理性污染三大类。中华医学会健康管理分会主任委员武留信教授说，不论是在中国还是在全世界，食品安全问题中，由生物污染引起的食品安全问题占90%，化学污染问题占5%，物理污染问题占3%～4%。

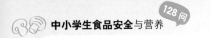

一 我们的食品安全守则，守护你的食品安全

现在我们知道了，保障食品安全就要避免食用受到有害微生物、化学和物理污染的食品，远离食源性疾病。

3.什么是食品安全的"黄金守则"？

世界卫生组织给出了净、透、分、消、密，以及选择安全的水与食材的黄金守则，帮助我们避开食品安全隐患。

（1）净

是指彻底冲洗干净食品上附着的农药残留等污染物质。从市场买回来的蔬菜水果先用水浸泡20～30分钟，然后冲洗干净再吃。叶类蔬菜浸泡时间要长些，根、茎、果类蔬菜浸泡冲洗的时间可以短一些。

（2）透

是指食物一定要完全烧至熟透，才能杀死食物中的病原菌、寄生虫与虫卵。因此，烹制食物一定要到火候，不能盲目追求鲜嫩，不吃生的、没有熟透的肉与菜。

（3）分

分有两层意思，一是指料理食物时，一定要生熟分开。熟食与生食的刀具、菜板等要分开，切制熟食前先清洗刀具和菜板；二是家里如果有病人，特别是家里有传染病患者的，健康人与病人的餐具一定要分开清洗、分别放置。

（4）消

消是消毒。开水煮沸是最原始、最简单、最经济也最有效的方法，可以灭掉大部分微生物。

（5）密

密是指密封存放。放置在常温下的剩饭菜容易滋生细菌，导致食物腐败变质。因此，剩饭菜一定要及时密闭放到冰箱存放或适合存放食物的特定地方。特别提示：冰箱不是食物的"保险箱"，此处虽冷，食物也不宜久留。

（6）安全的水、食材

最后一条，选择安全的水和食材。①饮用无污染的水或经过处理的安全水；②在正规场所购买食品，挑选未受到污染的食物；③水果和蔬菜烹制或食用前要清洗干净。

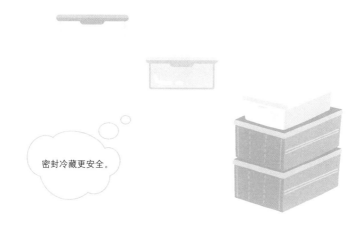

密封冷藏更安全。

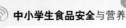

4.什么是中小学生食品安全六项"纪律"？

中小学生正处于快速成长阶段，对食物的需求旺盛，因而食品对我们的影响更大，我们更应该关注食品安全，遵守以下六项"纪律"：

一，少喝含糖饮料，预防超重。

二，养成良好的卫生习惯：饭前便后及时洗手；勤刷牙，保证口腔卫生；常剪指甲，预防传染病和肠道寄生虫。

三，吃剩饭菜时一定要彻底加热，尽量少吃甚至不吃放置时间较长的剩饭菜，防止微生物性食物中毒。

四，选择包装食品时，要注意查看食品的生产日期和保质期。

五，不吃街头摊贩贩卖的没有卫生许可证的食品。

六，尽量少吃油炸、烟熏和烧烤食品，因为这类食品往往含有较多污染物，特别是防范化学污染。

少喝含糖饮料。

二 防范食源性疾病——食物中毒

要防范食源性疾病，首先应了解什么是食源性疾病及食源性疾病致病因子的藏身之处。

5.什么是食源性疾病?

食源性疾病是指通过摄食而进入人体的各种致病因子，如病原菌或有毒物质引起的一类疾病。是不是读起来有点绕口？那是专家的语言，用大白话说，就是吃了不安全的食品而引起的疾病，俗称食物中毒。

食源性疾病的"名气"可大了，它是全球公认的公共卫生问题，发病率居各类疾病总发病率的第二位，每年全世界都有很多人因为吃、喝了"不干净"的东西被感染或中毒。食源性疾病也是我国公众健康的"头号敌人"。但是大家对食源性疾病缺乏重视，吃坏了拉肚子，自己吃吃药，挺一挺，严重一点的上医院，不认为这是什么大事情。其实，"吃坏肚子"（食物中毒）的杀伤力还是蛮大的，有时真能要了人的命，而且食源性疾病还专挑抵抗力差的"软柿子捏"，身体越弱越容易中招。所以同学们一定要注意食品安全，防范食物中毒。

6.食物中的致病因子从哪里来?

致病因子是潜伏在食物中的看不见的"敌人"。食物中的致病因子主要来自三方面，一是化学性的，指一些污染食品的有毒

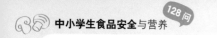

物质，主要有农药、重金属、亚硝酸盐等；二是生物性的，包括细菌、病毒和寄生虫等；三是真菌霉素和霉变物质，变质的花生、玉米中的黄曲霉毒素就属此类。另外，有些动植物天然带有毒素，比如河豚、毒蘑菇等。

在不安全食品中，微生物是引起食源性疾病的主要致病因素。比如我们喜欢吃的沙拉，拌沙拉的菜如果清洗不干净，沙拉中的细菌就会让我们吃出毛病。根据美国的食品安全通报，近十年来，仅大肠杆菌集体中毒事件就爆发了30起，其中14起与沙拉有关。除大肠杆菌外，沙门氏菌、副溶血性弧菌、单增李斯特菌等都是常见的病菌。

7. 食源性疾病有哪些症状？

食源性疾病可大可小，生活当中如果遇上了食源性疾病，如何自救或救助他人呢？我们首先必须认识它。那么，食源性疾病有哪些症状呢？

食源性疾病的临床症状一般表现为中毒或感染性疾病。常见的有食物中毒、胃肠道传染病、人畜共患传染病、寄生虫病以及化学性有毒有害物质所引起的疾病。一般来说，食物中毒的症状主要是剧烈的呕吐、腹泻，同时伴有中上腹部疼痛和脱水症状，如口干、眼窝下陷、皮肤弹性消失、肢体冰凉、脉搏细弱、血压降低，严重时也会发生休克。不过，不同致病因素导致的食物中毒，症状也有所区别，下面表格中列举了最常见的几种致病因子、携带物和所导致的症状。

常见的食源性疾病主要症状一览表

致病因子	携带的食品	潜伏期	症状
第一种，常见的细菌性食源性疾病			
沙门氏菌	鸡、鸭、猪、牛、羊等禽、畜肉类动物性食品	12～14小时	发热、呕吐、腹泻（黄绿色水样便），甚至引起致命的出血性腹泻和各类中毒症状
副溶血性弧菌	鱼、虾、蟹、贝等海产品，盐渍食品	14～20小时	阵发性腹痛、洗肉水样粪便、发热
金黄色葡萄球菌	剩饭、乳类等食品	一般小于6小时	剧烈呕吐
第二种，常见真菌毒素和霉变食源性疾病			
黄曲霉毒素	发霉、变质的食物	急性中毒马上发作	急性中毒后主要产生肝、肾损害、食欲低下、黄疸。特别需注意，黄曲霉毒素是个"狠角色"，是目前公认的致癌物质，是肝癌发生的嫌疑致病物质
黄变米	变质、发霉的大米	急性中毒马上发作	急性中毒表现为神经麻痹、呼吸障碍、惊厥等症状，慢性中毒可发生溶血性贫血
第三种，常见有毒动植物中毒			
河豚鱼	河豚	10分钟至3小时	拉肚子、呕吐等胃肠道症状，口唇、舌尖、指／趾端麻木、眼睑下垂、四肢无力等神经麻痹症状，逐渐影响呼吸和心血管等中枢，甚至危及生命
毒蘑菇	有毒的蘑菇	15至30小时	胃肠炎、精神不好，重者可有溶血和肝肾损伤、神经和精神症状，严重的也会有生命危险
第四种，常见化学性食物中毒			
亚硝酸盐	含亚硝酸盐的食物	不超过3小时	口唇、指甲及全身皮肤紫绀等机体缺氧表现

8.万一突发性食物中毒，我们该怎么办？

食物中毒的特点是吃了某种食物的人突然地、集体爆发某种疾病。疾病症状多数表现为肠胃炎。如遇到食物中毒——

首先要立即停止食用这种食物，送医院急救或拨打120电话。

二是催吐。刺激中毒者的舌根或者喉咙进行催吐，也可以快速饮水催吐，将胃里的食物吐出来。减少有毒物质的吸收。

三是导泻。如果病人进食时间较长，一般超过2小时，而且精神较好，则可服用泻药，促使有毒食物尽快排出体外。

四是解毒。如果中毒症状较明显，而且知道是中了哪种致病因子的毒，就可以对症下药，做到精准解毒。

一般来说，情况不太严重的急性食物中毒，3~5天就会基本痊愈。

9.如何预防微生物引起的食源性疾病？

微生物特别喜欢温暖潮湿的环境，因而湿热的中国南方是滋长微生物的沃土，在北方，夏季是微生物引起食源性疾病的高发季节。怎样才能防范致病菌呢？"食品安全五要点"是我们克菌制胜的"法宝"。

（1）保持清洁

"饭前便后要洗手"我们从小就知道了，除此以外，我们应该注意提醒爸爸妈妈，在做饭前和做饭过程中也要洗手，尤其是在生熟食品交叉处理过程中或者接打电话以后，更要把手洗干净。

注意保持厨房的卫生，比如碗盘、筷子及放置餐具的柜、笼、刀具和菜板，尤其是抹布，要经常清洗和消毒，切莫让它们成为厨房的污染源。

（2）食物生熟分开

这里的"生"指的是还需要进行加热处理的原材料，比如生肉、生海鲜；"熟"就是直接入口的食品。生、熟食材必须分开放置、分开处理。

生熟分开是为避免生的食物上携带的致病菌污染到直接入口的食品，引起食源性疾病。要特别注意加工生熟食的用具也要分开，例如刀、菜板等。

（3）食物烧熟煮透

烧熟煮透，一般是指开锅后再保持煮沸10~15分钟，如果是大块肉，比如整鸡、牛腱，时间要更长。

在食用螺蛳、贝类、鱼、蟹等水产品时，生吃、半生吃、酒泡、醋泡或盐腌后直接食用都是不安全的，尤其是孕妇、儿童、老人等免疫力低下人群应避免生食水产品。

（4）在安全的温度下保存食物

绝大多数微生物喜欢室温的环境，高于70℃，或者低于4℃就很难存活。夏季，熟食在室温下存放的时间不宜超过2个小时，应将食物及时放入冰箱内保存。

但冰箱不是"保险箱"，有些嗜冷菌如单增李斯特菌、小肠结肠炎耶尔森菌等在冰箱里仍可以生长，所以从冰箱中取出的食物要彻底加热或清洗干净后再食用。

（5）使用安全的水和食品原料

要到正规超市或市场购买食品，购买食品要注意查看生产日期、保质期、储存条件等食品标签内容。

不食用超过保质期的食物，若罐装食物包装鼓起或者变形，坚决不食用。

良好的食品安全环境需要我们大家的共同努力，让我们从我做起，从现在做起，提高食品安全意识，少吃外卖，勤洗手。在充满食品安全风险的日常生活中，养成良好的卫生习惯是我们最方便有效的防范食源性疾病方式。

三 预防生物性污染，阻击食品安全的"头号杀手"

在我国，由微生物引起的食物中毒事件在各类食品安全事件中占比最高，主要污染物为细菌和细菌毒素、霉菌和霉菌毒素。

10. 为什么说生物性污染是食品安全的头号杀手?

生物性污染引发的问题在食品安全问题中占90%,可见生物性污染是食品安全领域的头号杀手。

食品的生物性污染包括微生物、寄生虫、昆虫及病毒污染,其中,又以微生物污染为主,且危害较大。

食品的微生物污染通常是由一些致病微生物引起的。据世界卫生组织统计,微生物污染引起的食物中毒事件在各类食品安全事件中是最多的。2006年,美国爆发"毒菠菜"事件,几十人因食用被大肠杆菌污染的菠菜中毒身亡;2010年,美国连续发生沙门氏杆菌感染甜瓜事件,并造成群发性食源性疾病;2011年,德国、瑞典等国因豆芽菜感染大肠杆菌造成几百人中毒;2014年,丹麦多人因食用含有李斯特菌的香肠中毒身亡。这些触目惊心的食品安全事件中,罪魁祸首就是病源微生物。

11. 什么是细菌污染?

细菌污染,就是食品被外来的、对人体健康有害的细菌及其代谢产物所污染。细菌污染是涉及面最广、影响最大、问题最多的一类食品污染。

细菌污染食品后,有一些能使人出现病症,称为致病菌;有一些是通常情况下不会致病,只有在一定的条件下才能使人出现病症,称为条件致病菌;还有一些,通常不会直接使人出现病症,称为非致病菌。但是,即使是这些非致病菌也不友好,它们可以引起食品腐败变质、失去食用价值,而且还可能为致病菌的生长繁殖提供条件，同时，这些细菌的一些代谢物会对人体产生危害。因此，所有被细菌污染过的食品，都具有直接或潜在的危害，都不可以直接食用。

引起食品污染的细菌性微生物主要有沙门氏菌、副溶血性弧菌、蜡样芽孢杆菌、志贺菌、葡萄球菌、李斯特菌等。

12. 如何预防食品被细菌污染？

预防食品被细菌污染、腐败变质的措施主要有：低温保藏、高温保藏、脱水与干燥保藏、腌渍保藏和辐射保藏。预防细菌性污染，必须要加强防止食品污染的宣传教育，合理贮藏食品，控制细菌生长繁殖，采用合理的烹调方法，彻底杀灭细菌。

13. 什么是真菌污染？

真菌广泛分布在自然界，有些对人类有益，在发酵食品行业的应用非常广泛，比如我们吃的馒头、面包，喝的酸奶、酵素等都有真菌的贡献。有些真菌可以直接食用，如蘑菇、木耳、冬虫夏草等，为我们贡献了风味食物。但也有一些真菌在一定条件下能产生真菌毒素，引起食品污染。目前，已知的真菌毒素有几百种之多，最常见的有黄曲霉毒素、赭曲霉毒素A、伏马菌素和玉米赤霉烯酮等。

由于真菌生长繁殖及产生毒素需要一定的温度与湿度，因此真菌性食物中毒往往有较为明显的季节性和地区性。

14.黄曲霉毒素可怕吗?

黄曲霉毒素有很强的毒性,它的毒性相当于氰化钾的10倍、砒霜的60倍左右,是目前发现的最强的化学致癌物质。花生、花生油、玉米最容易受到黄曲霉毒素的污染。食用受黄曲霉毒素污染的食品一般会毒害肝脏,出现急性肝炎、出血性坏死等,或者引起肝脏慢性损伤,临床症状为呕吐、胃部不适、腹胀等。

在我国北方地区干燥凉爽的秋冬季,食品中黄曲霉毒素污染较轻,而在湿热的长江沿岸和长江以南地区则较重,尤其需要注意食物的保存。

15.如何预防黄曲霉毒素对我们的伤害? 发霉的食物还能吃吗?

预防黄曲霉毒素最简单的方法是:食物发霉了,就扔掉,不能吃!特别提醒勤俭节约的你,霉变的食物,人不能吃,也不能给饲养的动物吃——因为黄曲霉毒素人畜共伤。

黄曲霉毒素化学性质稳定,耐热,280℃才可裂解,能经受住食品加工而不被灭除。也就是说,一旦食物感染了黄曲霉毒素,无论是水洗还是常用的烹饪方法,都无法有效地去除发霉食物中的黄曲霉毒素。很多人都认为食物发霉以后,将食物中的霉质擦、削除干净就可以正常食用了,但是霉菌物质生命力比较顽强,削除食物表面的霉菌物质,食物中仍有大量的有害物质,因此,发霉的食物不能吃。

16.食物的病毒污染有什么严重后果?

病毒是一类比细菌更微小、只含一种核酸、无细胞结构的寄生物。因为没有完整的细胞结构,病毒需要寄生在活的细胞中进行繁殖,病毒虽然不能在食品中繁殖,但由于它有专性寄生性,可以在食品中残存较长时间。病毒污染的食品一旦被人食用,病毒便找到了宿主,在人体内繁殖,引起感染,从而对人体产生病毒性危害。

与细菌、真菌引起的病变相比,食源性病毒引发的疾病更加难以得到有效治疗,且更容易爆发流行。这几年我们常听到的甲型肝炎病毒、戊型肝炎病毒、轮状病毒、朊病毒、诺如病毒、禽流感病毒、埃博拉病毒等都是食源性病毒。这些病毒曾经或仍在肆虐,造成了许多重大的疾病群发事件。1988年初,上海市居民因食用被甲型肝炎病毒污染的毛蚶而导致甲型肝炎爆发流行,发病人数达30万;由朊病毒引起的疯牛病于1986年首先在英国被确认,迄今为止,全球共有100余人死于这一病症;自H5N1型高致病性禽流感病毒引起的禽流感疫情爆发以来,全球各地不乏死亡病例报道;美国目前每年约有2300万例诺如病毒性胃肠炎。

病毒种类多样,"性格"诡异,有时候让科学家都感到头疼。预防病毒最有效的办法是:

①保持良好的卫生习惯,坚持勤洗手;

②保持良好的饮食习惯,食物多样不偏食;

③保持良好的生活习惯,乐观向上多锻炼,提高自身免疫力。

17.如何预防幽门螺旋杆菌感染?

幽门螺旋杆菌是世界上人群感染率最高的细菌之一,目前我国感染率约50%。可怕的是,感染幽门螺旋杆菌者患胃癌的危险性比正常人高4~6倍。

幽门螺旋杆菌是一种寄生在胃内的细菌,如果粘附于胃黏膜以及细胞间隙,可引起炎症。幽门螺旋杆菌主要通过消化道进行传播:①口—口传播,主要通过共食和共用餐具、水杯等传播;②胃—口传播,主要是胃里的物质反流到口腔传播;③粪—口传播。

幽门螺旋杆菌最大的特点就是容易互相传染,所以光自己预防还不够,要家人一起防范。吃饭分餐、注意口腔卫生、定期换牙刷、饭前便后要洗手,多锻炼身体增强免疫力是预防幽门螺旋杆菌最有效的措施,只有你自己强大,才能百毒不侵。

18.如何预防李斯特菌感染?

"李斯特菌"的命名,是为了纪念一位名人——近代消毒手术之父约瑟夫·李斯特。

李斯特菌是一种生命力极强的细菌,既耐氧又耐缺氧,在有氧气和无氧气环境下都能生存。而且,李斯特菌还既耐高温又喜低温,加热到70℃后2分钟才能被杀灭!在-20℃的低温下可存活1年。感染李斯特菌后,轻者会出现类似肠胃炎的症状,如高热、呕吐、抽搐;重者则出现肺炎、心内膜炎、败血症等。

（1）食用冰箱内残余食品——可能感染李斯特菌的途径

通常温度3～10℃的家用冰箱冷藏室和温度−4℃～−24℃的冷冻室都是李斯特菌宜居繁殖的安乐窝。李斯特菌可隐藏于多种食物中，最常见的就是各种肉类（生肉、熟食、烟熏、腌制等），未杀菌的牛奶、奶酪，鸡蛋和生食的蔬菜水果，以及加工后未食用完而放入冰箱的各类食品……而感染患者都有一个共同的特征——食用冰箱内残余食品。

（2）如何远离李斯特菌

李斯特菌是名副其实的"病从口入"的病菌，所以只要我们做到以下几项，注意食品安全，定会远离李斯特菌。①定期彻底清理冰箱、厨房灶具和碗筷；②不食用过期食品、避免直接食用从冰箱里拿出的食品；③菜板应生、熟分开使用，生、熟食品保存也要分开；④生冷食物和剩饭应彻底加热后再食用；⑤生食瓜果需要认真清洗或去皮。

19. 为什么说金黄色葡萄球菌"很顽强"？

金黄色葡萄球菌简称金葡菌，是一种相当常见的细菌。皮肤上、毛孔里都有金黄色葡萄球菌的身影。人和动物是它们的优良居所。健康人的鼻子、喉咙和手是最适合它们生长的地方。

在55℃环境下，90%金葡菌会在3分钟内被消灭，因此食物熟制过程即可秒杀金葡菌。但是，金葡菌会分泌一种胃肠道毒素，这种毒素在高温下极其顽强，100℃加热70分钟之后还会有10%的活性——因此，一种食物如果曾经被金葡菌污染，然后又经过加热，金葡菌已经消灭了，但仍可能存在足以致病的毒素。

金葡菌产生的毒素毒性较强，1微克就可以引发恶心、呕吐、胃痉挛和腹泻等症状。金黄色葡萄球菌肠毒素是个世界性卫生难题，在美国，由金黄色葡萄球菌肠毒素引起的食物中毒占细菌性食物中毒的33%，在加拿大则占45%。因此，我们时刻要注意食品卫生，科学防范病毒十分重要。

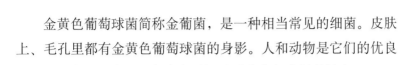

（四） 预防化学污染，严防食品安全的"隐性杀手"

说到食品化学污染，大家可能不太熟悉，但说到农兽药残留、苏丹红、三聚氰胺等，大家是不是非常熟悉？

20. 食品化学污染从哪儿来？

食品化学性污染是指有毒有害的化学物质污染食品，破坏了食品的安全性，或者改变了食品的营养状况。

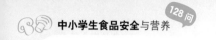

污染食品的化学物质种类繁多，如果追究它们的来路，常见的化学污染物主要有五大"门派"。

(1) 源于天然，与食品相伴相生

有些食品中天然含有化学毒素，比如生豆角中含有植物凝集素和皂角，这两种物质对胃肠黏膜刺激较强，而且还能破坏细胞，因此千万不能吃生豆角。野生蘑菇中毒事件也时有发生，千万不要尝试吃野生蘑菇，要是中毒了，没有特效治疗方法。所以，蘑菇不要随便采，更不要随便吃。另外，河豚等动物也含有一定的毒素。对于天然来源的化学毒素，避开就好。

(2) 源于环境，来自土壤、水、空气等

来自土壤、水、空气等环境中的化学污染物也是我们面临的最主要的食品安全隐患。工业"三废"未经处理排放会导致土壤、水体重金属含量超标，通过生物富集原理（对环境中某些化合物的积累，使这些物质在生物体内的浓度超过环境中浓度的现象），进而影响农产品安全。比如"镉大米"，就是种植稻谷的土壤中镉含量严重超标所致。

(3) 源于农业生产过程

农业生产中，违法使用禁用、高毒农药兽药，或者打完农药之后立刻采摘或屠宰售卖，没有留下足够安全间隔期，或者滥用抗生素、生长调节剂等都会导致食品的污染，也就通常说的农残问题。

(4) 源于食品加工和储藏

有些有害物是在食品的加工过程中产生的。家长常告诉孩子少吃烧烤，少吃薯条，是因为肉类食物在烧烤、烟熏时会在肉类表层生成多环芳烃化合物，高温烹调肉类致烧焦会生产杂环胺类物质；而高淀粉食品经油炸会产生丙烯酰胺，这些都是对身体有害的物质，积累多了甚至能致癌。

食品加工过程中，还有一种情况会导致食品污染，那就是非法或违规使用添加物：①使用非法添加物，比如在食品中添加苏丹红、三聚氰胺、塑化剂等；②过量使用食品添加剂，如使用的是合法的食品添加剂，但添加过量；③超范围使用食品添加剂。

(5) 源于食品容器、包装材料

使用一些不适合用作盛放食品或包装食品的受污染或者有毒的材料制成的容器，在食品的输送、包装和盛放过程中与食品接触，材料中所含有毒化学物质向食品迁移，对食品造成污染。

食品添加剂，合法使用很安全

21.什么是食品添加剂？

食品添加剂就是添加到食品中的化学物质，这种物质既有天然的，也有人工合成的。把食品添加剂添加到食品中，主要是为了让食品的颜色、味道、口感变得更好，或者是为了增加营养等，有时候是因为加工工艺的需要。

食品添加剂被誉为现代食品工业的灵魂，它具有三个特征：①它一般不单独作为食品来食用，只是作为添加物加入到食品中；②食品添加剂既有人工合成的物质，也有天然物质；③使用食品添加剂的目的是为改善食品的品质，保证食品安全，改造食品适合加工工艺的要求。

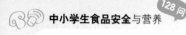

22. 食品添加剂安全吗?

　　合法使用食品添加剂不会带来食品安全问题。

　　迄今为止,我国重大食品安全事件没有一起是由于合法使用食品添加剂造成的。

　　"食品添加剂"不等于"添加剂",更不等于"非法添加物"。

　　一提起食品添加剂,好多人谈虎色变,认为食品添加剂是食品安全的大敌。大家对食品添加剂的这种坏印象,可能是来自于一些关于苏丹红鸭蛋、三聚氰胺奶粉、瘦肉精、吊白块等事件的新闻报道。然而,三聚氰胺、吊白块等"坏"东西并非"食品添加剂",而是"非法添加物"。

　　食品添加剂不等于添加剂,更不等于非法添加物——添加剂有很多种,如药品添加剂、涂料添加剂、汽油添加剂、混凝土添加剂等。食品添加剂只是众多添加剂中的一种。同学们一定要心明眼亮,仔细分辨,分清楚食品中的添加物是"食品添加剂"还是"添加剂"。

23.为什么一定要用食品添加剂？

人类使用食品添加剂的历史与人类文明史一样悠久。"卤水点豆腐"是我国西汉时期发明的，距今已有两千多年历史，卤水就是一种食品添加剂。油、盐、酱、醋，炸油条用的明矾和小苏打，都是食品添加剂。食品添加剂早就成为我们饮食中不可或缺的一部分。

如果没有食品添加剂，就不会有现代食品工业。我们做面包，需要酵母粉、膨松剂；做豆腐，需要卤水；炸油条，需要明矾。没有防腐剂，全球购的小零食横跨几大洲之后还能吃吗？没有乳化剂、增稠剂，软糯润滑的冰淇淋就会跟硬邦邦的冰块一样！没有抗氧化剂，食用油买回去放几天就变质！无论是西餐的面包、香肠、果汁饮料、冰淇淋，还是中餐的馒头、包子、油条、月饼等，它们都离不开食品添加剂。假如没有了食品添加剂，不仅商店里琳琅满目的各种食品将会不复存在，就连我们的家庭厨房也会难以正常运转：面粉会发霉、食盐会结块、食用油会酸败、酱油会变质……这样的生活，没有人想体验吧！

24.什么是食品添加剂的使用"军规"？

食品工业离不开食品添加剂，但也不能滥用食品添加剂。

食品添加剂的安全使用是非常重要的。理想的食品添加剂最好是有益无害的物质。然而，食品添加剂，尤其是化学合成的食品添加剂都有一定的毒性，毒性除与物质本身的化学结构和理化性质有关外，还与其有效浓度、作用时间、接触途径和部位、物质的相互作用与机体的机能状态等条件有关。

因此，强制性国家标准GB 2760—2014《食品安全国家标准 食品添加剂使用标准》（以下简称"食品添加剂使用标准"）作为食品添加剂的使用"军规"，对每种食品中可以使用的食品添加剂的种类、剂量和使用范围，都给出了明确规定。

第一，加工食品只能使用列入"食品添加剂使用标准"的品种；

第二，按照"食品添加剂使用标准"规定的范围使用，不得超范围使用食品添加剂；

第三，使用量不得超出"食品添加剂使用标准"规定的最大使用量。

也就是说，食品添加剂的使用，要严格遵守相关规定，严格控制使用品种、使用量和使用范围。

25.我国的食品添加剂品种比国外多吗？

我国使用的食品添加剂品种只占国际允许使用的食品添加剂种类的1/5左右，比美国和日本都少。但这并不是什么值得骄傲的事情，批准使用食品添加剂品种的多少，一方面跟食品加工的需要有关，一方面跟食品工业科技发展有关，有时候也受到饮食观念的影响。

国际上目前允许使用的食品添加剂一共有16000多种，而我国批准允许使用的只有23类、2500多种，美国使用食品添加剂4000多种，日本使用种类也比中国多。不同国家根据自己的国情和饮食习惯，选择自己需要使用的食品添加剂。我国每一种食品添加剂的限量使用标准基本与国际标准一致。

26. "零添加"的食品真的更安全吗?

有时候,不添加食品添加剂反而意味着"不安全"。

没有人为加入食品添加剂,并不代表原材料的好坏,也不代表这样加工出来的食品就是优质、绝对安全。而且,有些食品脱离了食品添加剂的帮助,反倒不安全了。如果罐头食品不添加亚硝酸盐,反而容易滋生肉毒梭菌,导致严重的食物中毒。

食品添加剂的使用是出于调味、保质的需要,只要按照食品添加剂的使用"军规"合理使用,就不会造成食品安全问题。

一些企业特别强调其产品不含防腐剂、不含色素、无添加剂等,如标明"本品不含防腐剂""本品不含人工色素""本品不含酒精"等,其实只是一种商业宣传的手段,是对消费者的一种误导,并不是真正的"零添加"。

27. 非法添加在食品中的"甲级战犯"有哪些?

"甲级战犯"是指添加在食品中的非法添加物,是国家明令禁止在食品加工中使用的物质。不少的食品安问题是由使用非食品添加剂或非法添加物引起的,例如三聚氰胺、塑化剂、苏丹红和孔雀石绿等,它们才是造成食品安全问题的"甲级战犯"。

(1) 三聚氰胺——以假乱真的"蛋白质"冒充物

三聚氰胺是一种化工原料,主要用于造纸、纺织、皮革等行业。

违法分子就是利用添加三聚氰胺可以测出较高的"蛋白质含量"这一点,在原奶和奶粉中添加三聚氰胺。但是,三聚氰胺是具有毒性的，长期摄入三聚氰胺会造成生殖、泌尿系统的损害、膀胱和肾部结石，并可进一步诱发膀胱癌。2008年，中国发生了三鹿婴幼儿奶粉受三聚氰胺污染事件，导致食用了受污染奶粉的婴幼儿发生肾结石，给病儿带来了严重的健康威胁，造成经济损失和负面社会影响，使中国的奶业受到打击。

（2）塑化剂——作恶多端的"环境类激素"

塑化剂是一类能起到软化作用的化学品，被普遍应用于玩具、食品包装材料、医用血袋和胶管、洗发水和沐浴液等产品中。某些不法企业非法添加塑化剂，是为了节省成本，以塑化剂替代价格昂贵的"起云剂"。但塑化剂是一种有毒的塑料软化剂，进入人体就会造成内分泌失调，甚至引发恶性肿瘤、造成胎儿畸形。

（3）苏丹红——漂亮食品中的"红颜"致癌物

苏丹红是一种人工合成的红色染料，它不溶于水，可溶于油脂、蜡、汽油等溶剂，能产生鲜亮的色彩，而且不容易褪色。苏丹红代谢后会产生苯胺或萘酚类致癌物质。非法商家为降低成本谋取利益，添加苏丹红美化食品或遮盖食品变质。2006年，中国发生添加了苏丹红的"红心鸭蛋"事件，2008年，苏丹红被列入严禁添加的非食用物质。

（4）吊白块——给食品美颜的有毒"白面老虎"

吊白块又称雕白粉，有漂白作用，是印染工业中用作棉布、人造丝、短纤维织物等的拔染剂、还原染料。它的水溶液在60℃以上就开始分解出有害物质，120℃会分解产生甲醛、二氧化硫和硫化氢等有毒气体。不法商家使用吊白块美化劣质食品外观。

但是，吊白块是一种强致癌物质，对人的肺、肝脏和肾脏有极大的损害，普通人食入纯吊白块10克就会中毒致死，国家明文规定严禁在食品加工中使用。

(5) 瘦肉精——貌似"健美配方"的恶魔

瘦肉精是一类药物的统称，这类药是能够促进瘦肉生长的饲料添加剂。因为"瘦肉精"能使猪提高生长速度，增加瘦肉率，使猪肉肉色鲜红，卖相好。为提高利润，非法养殖户把瘦肉精添加在生猪饲料中。但瘦肉精对人体健康危害较大，有很强的毒副作用，长期食用会导致人体代谢紊乱，甚至诱发恶性肿瘤，我国已经禁止用于动物饲料中。

(6) 其他添加在食品中违法添加物

此外，孔雀石绿、美术绿、玫瑰红B、王金黄、工业明胶等，也时有被不法商贩偷偷添加进食品中的情况。同学们要警惕，表中这些食品内可能含有违法添加的非食用添加物。

非法添加物	可能添加的食品名称
王金黄	腐竹、豆皮等豆制品
硼砂与硼酸	腐竹、肉丸、凉粉、凉皮、面条、饺子皮等
玫瑰红B	调味品
硫氰酸钠	乳及乳制品等
工业用甲醛	海参、鱿鱼等水产干品，血豆腐等
一氧化碳	金枪鱼、三文鱼等
工业明胶	冰淇淋、肉皮冻、果冻等
罂粟壳	火锅底料、小吃类
美术绿	茶叶等

了解了有关非法添加剂的食品安全知识，同学们一定要提高警惕，不因贪嘴、贪便宜而购买三无产品，保障自己的饮食安全和身体健康。

一次性餐具和打包，仅让食物暂时栖身

28.一次性餐盒加热会释放有毒物吗?

网上流传着一种说法，认为一次性餐盒加热是有毒的，长期食用一次性餐盒盛放的饭菜可能会致癌。这种说法是真的吗?

一次性餐盒加热会不会释出有毒物，得看一次性餐盒的材质。

现在流通的一次性餐盒基本上有两种：①聚丙烯（PP），聚丙烯材质的一次性餐盒可以加热的最高温度不能超过120℃，可以放进微波炉或者蒸锅里加热。②聚苯乙烯（PS），聚苯乙烯餐盒，即发泡餐盒，只能加热到90℃，超过90℃，苯乙烯会释出到

食物里，对人的肝肾功能及中枢神经系统都有一定的危害，如果长期食用甚至有致癌的风险。

29. 怎样使用一次性餐盒是安全的？

普通人很难辨别每个餐盒是什么材质，送到专门机构去检测更不现实，最好的办法就是尽量去避免可能发生的危险，不用一次性餐盒热饭或冷藏餐食。

首先，使用一次性餐盒盛放餐食时，最稳妥的做法就是及时转移，从一次性餐盒中将食物转移至耐高温的自家餐具中，再进行加热等处理。

其次，要尽快食用打包饭菜，不要把餐食留在一次性饭盒中放入冷箱，第二天接着再加热食用。

30.哪些食品不适合打包?

打包是爱惜食物的好习惯,不过,打包其实也是有学问的,并不是所有食物都适合打包。

(1)蔬菜不宜打包

蔬菜的营养优势主要是富含维生素、矿物质和膳食纤维,如果反复加热,蔬菜中的维生素容易被分解破坏。另外,蔬菜长时间放置后,亚硝酸盐含量会急剧升高,从而增加安全风险。因此,在外就餐点菜要适量,尽量不要剩菜。

(2)凉菜也不宜打包

凉拌菜、沙拉等"小清新"菜品,拌好后在放置和就餐过程中就很容易被细菌污染,而且凉菜也不宜重新加热,所以并不适合打包。

31.如何防范食品化学污染?

只要我们有了防范意识,按照下面的方法做,食品化学污染是可以防范的。

(1)防范农残污染

要防范农药和兽药的残留,首先,从正规市场购买肉、蔬果等食物;其次,蔬菜要用清水短时间浸泡并反复清洗,水果宜洗净后削皮食用;第三,选择合适的烹调加工、冷藏方法等也可以减少食品中残留的农药、兽药。

（2）防范有毒金属污染

防范有毒金属类的污染，可以适当摄入"排毒"食物，如大蒜、胡萝卜、豆类和富含膳食纤维的食物；还要正确选择餐具。尽量不要用不锈钢餐具盛放盐、醋、酱油，盐有吸潮作用，会腐蚀镀层。

（3）防范硝酸盐、亚硝酸盐污染

防范硝酸盐、亚硝酸盐化合物类的污染，要做到少吃腌制食品；不贪食色、香、味俱佳的加工食品，通常这类食品会加入含硝酸盐、亚硝酸盐的食品添加剂；大蒜素可抑制胃内硝酸盐还原菌，常吃蒜能使胃内亚硝酸盐含量明显降低；注意口腔卫生，饭后要刷牙，以防止食物残渣经细菌作用合成有害物质。

（4）防范多环芳烃类化合物污染

防范多环芳烃类化合物的污染，就要少吃烧烤。由于烟熏、火烤食品含有致癌物质——多环芳烃化合物，因此要尽量少吃烟熏、火烤食品。还要提醒父母，日常烹调温度不宜过高，防止烧焦食物。

（5）防范包装污染

防范食品容器、包装材料的污染，要选择购买生产合格、标签上印有"食品用"字样的食品容器、包装材料。

此外，还应注意盛放食物的容器的卫生，应洗净晾干，保持干燥、密封，避免其他污染。餐具储放也要注意卫生，洗净的锅、碗、碟等容器可扣放，瓶罐类容器洗净晾干后加盖密封。

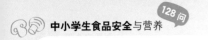

五 预防物理污染，警惕食品安全的"感官杀手"

前面我们已经了解了食品的生物性污染和化学污染，下面，我们再看看食品的物理污染。

32.什么是食品的物理性污染?

食品的物理性污染通常是指食品生产、加工、贮存、销售过程中混入的非化学性杂质，或食品吸附、吸收外来放射性物质所引起的食品质量安全问题。物理性污染物来源复杂，种类繁多。有的污染物可能并不威胁消费者的健康，但严重影响了食品应有的感官性状和营养价值。

33.食物的物理性污染来自何处?

食品的物理污染主要来源有两大类。

（1）混入的杂质

混入的杂质源于两个方面，一是来自食品生产、储藏、运输、销售过程中的污染物，如粮食收割时混入的草子，液体食品容器池中的杂物，食品运销过程中的灰尘及苍蝇等；二是食品的掺假行为，如在粮食中掺入的沙石，肉中注入的水，奶粉中掺入大量的糖等。

（2）放射性污染

主要指放射性物质的开采、冶炼、生产、应用等过程中及意外事故所造成的食品污染。通过水和土壤污染农作物、水产品、饲料等造成的食品的放射性污染与我们的生活息息相关，这些受污染的食品进入我们体内，毒害我们的身体，损伤我们的免疫系统、生殖系统，导致 DNA 受损产生突变，引发癌症或者使细胞、器官的功能失常。

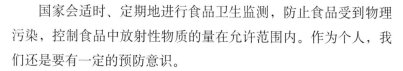

34. 如何预防食品物理污染？

国家会适时、定期地进行食品卫生监测，防止食品受到物理污染，控制食品中放射性物质的量在允许范围内。作为个人，我们还是要有一定的预防意识。

①要提高警惕，选购食品要慎重，毕竟病从口入。选择大型购物场所，购买正规企业生产的食品；购买时，仔细查看食品包装是否有破损，食品标签是否齐全。同时关注国家食品药品监督管理总局官网或者微信公众号，及时了解食品安全隐患。

②重视家中的厨房卫生，防尘，防蚊、蝇、蟑螂等，定时进行厨具碗筷的清洗消毒。

③提醒父母，做饭时要注意个人卫生，有条件的戴上手套、帽子比较好。

④关注放射性污染事件，跟家人多交流，远离可能被放射污染的食品。

六 看懂食品包装信息，购买安全食品

食品包装不仅令食品看上去更卫生、好看，包装上还印有很

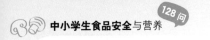

多与食用相关的重要信息，选购食品时看一看包装上的信息可不仅仅是爸爸妈妈的事儿!

35.食品的包装形式有什么不同吗?

从包装角度看，食品分为预包装食品和散装食品。

预包装食品就是预先定量包装，或者盛装在包装材料和容器中的食品，如各种罐装、袋装、盒装的食品。预包装食品就像是穿了衣服的食品一样，而在食品的"衣服"上，都要贴上食品标签，来说明食品的特点。

散装食品，是指无预先定量包装，需计量销售的食品，包括无包装食品和带非定量包装的食品。散装食品因经济实惠而备受消费者的青睐，并且销售量也相当大。但是，散装食品（尤其是无包装食品）销售过程中可能存在二次污染的安全隐患。

包装的材质不同。

36.食品标签上都有什么？哪些信息非常重要？

《中华人民共和国食品安全法》第六十七条规定，预包装食品应标明：名称、规格、净含量、生产日期、成分或者配料表、生产者的名称、地址、联系方式、保质期、产品标准代号、贮存条件，所使用的食品添加剂在国家标准中的通用名称、生产许可证编号、法律、法规或者食品安全标准规定应当标明的其他事项。

食品标签上有些信息很重要，购买前一定要看仔细。

①配料表。看配料表是了解食品的主要原料、鉴别食品属性的重要一步。

②生产日期、保质期与贮存条件。这是我们选购食品时一定要看的信息。在保质期之内，最好选择最接近售买日期生产的食品，不要购买临近或超过保质期的食品；在保质期内的食品，再看"贮存条件"，看卖场的食品是否在标示的条件下存放，比如标签要求冷藏贮存，卖家却放在常温下，那么这种食品就不要购买了。只有生产日期、保质期、贮存条件都与实际吻合，才能保证食品的安全。

③净含量和规格。购买食品时，选择适合的量是非常重要的，少了不够吃、多了浪费，存放久了容易变质。

④食品营养标签。食品营养标签标注的是该食品的营养成分信息。营养标签上有营养成分、营养声称和营养成分功能声称三部分。营养标签必须（强制要求的、非全部的）标示出能量、蛋白质、脂肪（饱和脂肪酸、不饱和脂肪酸）、碳水化合物和钠这五种营养成分。营养素成分一般以每100克（毫升）或每份食品中的含量数值标示。有一些食品标签上有NRV字样。

⑤其他内容。食品标签还有一些其他内容，如生产者、经销者的名称、地址、联系方式，食品生产许可证编号、产品标准代号、是否转基因、质量等级、食用方法、适宜人群等。有些食品印有常见的食品标志，如绿色食品、有机食品、无公害食品的图标。如果是进口商品，还要标有中国经销商名称、地址、联系方式及原产国信息等。

37.营养标签上NRV是什么?

NRV，是英文Nutrient Reference Values的缩写，即营养素参考值。营养素参考值是依据我国居民膳食营养素推荐摄入量（RNI）和适宜摄入量（AI）制定的。在食品标签中，营养素参考值一般以"NRV%"的形式出现，表示食品中所含营养成分占全天应摄入量的百分比。

同学们注意，营养标签上标注的是单位食品中的营养成分含量，而不一定是这份食品含有的该营养素的量。比如，某品牌牛奶，净重200毫升，营养标签上标识100毫升牛奶中含钙110毫克，NRV%是14%，那说明，喝100毫升这样的牛奶，能补充你一天所需钙的14%。那么喝一盒200毫升的这种牛奶，就可以补充你一天所需钙的28%。

38.怎样看懂食品配料表?

"配料表"是国家卫生健康委员会于2011年12月发布的国家标准GB 28050—2011《预包装食品营养标签通则》中要求在食品标签中强制标识的内容，目的是让消费者了解制作该食品的原料、食品添加剂等情况。一般非专业人士很难看懂配料表里的专业名词，我们可以通过一些规律看懂配料表。

配料表中分为主料和配料，一般按添加在食品中的分量由多到少进行排列。因此对比两个同类食品时，我们可以看配料表中的第一项，比如饼干，如果配料第一项是小麦粉，那么这种饼干主要给人体补充的是碳水化合物；如果第一项是精炼植物油，可以简单推测该食品是高脂肪、高热量食品；再如乳制品类，如果配料表第一项是生牛乳，则更适合补充钙和蛋白质等营养素。

39.食品中为什么要添加防腐剂?

防腐剂又称为保藏剂，作用是抑制微生物增殖或杀死微生物。防腐剂源自天然和合成，后者商业化应用最多。我国的"食品添加剂使用卫生标准"列出的防腐剂共有26种，经常添加在食品中的食品防腐剂主要有山梨酸及其盐、丙酸及其盐、脱氢醋酸、苯甲酸及其盐、尼泊金酯等，琼脂低聚糖、儿茶素、蜂胶黄酮近年来也时常出现在食品标签的配料表中。

40.所有的食品都有防腐剂吗?

需要添加防腐剂的食品一般都是常温保存、包装比较简易、有一定含水量且有保质期要求的食品。比如豆制品、糕点、酱油、含气饮料、果汁、果酱、西式熟肉、中式火腿香肠、包装酱菜、牛肉干等。

并不是所有的食品都需要添加防腐剂，食品生产中会因不同的原料、不同的包装、不同保质期要求决定防腐剂的使用与否。

41.不含防腐剂的食品更安全、更健康吗?

首先，使用了防腐剂的食品，只要按照国家规定的标准，合理合法使用食品添加剂，其安全性是有保障的。

其次，一些不含防腐剂的食品是以其他方式防腐，不存在哪种更安全的问题。

含水量低、高糖高盐腌制、密封保存以及即做即食的食品，不需要使用防腐剂。如罐头，由于本身的干燥环境不易滋生细菌，制作过程中已进行了彻底灭菌，又以密封的方式隔绝外界细菌入侵，因而不需要防腐；又如方便面、挂面比较干燥，细菌无法繁殖，也不需要防腐；还有一些食品中含有大量的盐和糖，厚盐重糖食品本身具有防腐作用，所以含盐含糖极高的食品也不需要添加防腐剂。

由此可见，"不含防腐剂的食品"也有安全的，但不含防腐剂的食品不一定是健康的食品，因为可能盐和糖的含量太高。

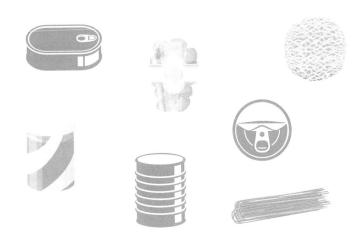

42. 保质期越长的食品添加的防腐剂越多吗？

保质期长、短 ≠ 含防腐剂多、少。

食物保鲜不单靠防腐剂，包装食品保质期的长短虽然跟防腐剂有一定的关系，但更多的是和食品的生产、罐装工艺以及包装材料密切相关。延长食物保质期的方法有很多，被膜剂、暴腌、高温高压杀菌与冷冻和辐照都能有效杀死微生物。例如常温奶、罐头、饮料等食品，通过高温杀菌、暴腌加工，真空、密封包装，可以做到不添加防腐剂且保质期较长。相反有些食品的保质期短，却是添加了防腐剂的。

43. 过了保质期的食品到底能不能吃？

对于这个问题的回答，首先需要区分食品的"保质期"和"保存期"。

要知道"保质期"≠"保存期"。

保质期是指在标签指明的贮存条件下，食品保持品质的期限。有的食品标签上标为"最佳食用期"，国外称为货架期。在适宜的贮存条件下，超过保质期的食品，如果色、香、味没有改变，在一定时间内可能仍然可以食用。

保存期，则是食品可食用的最后期限。过了保存期，食品会发生品质改变，产生致病细菌，不可再食用，必须要丢弃。

44.冷冻食品有保质期吗？

冷冻食品不仅有保质期，而且要注意存放条件。

一般来说，温度越低，产品品质保持稳定的时间就越长，反之就越短。一种食品，如果食品标签上标识的是：在-18℃保存3个月，那么它的含义是：只要出厂后一直保存在-18℃，那么3个月之内可以放心食用而不用担心它的安全性；如果出厂后没有一直保存在-18℃的环境中，那么就不保证3个月之内发生安全性问题。-18℃下有3个月的保存期，绝不意味着在-8℃也能保存3个月。

不同冷冻食品的保质期也不相同，通常情况下，牛、羊、猪肉等红肉类食品，保质期≤10个月；鸡、鸭等家禽类食品，保质期≤8个月；培根、香肠、腊肉等腌制品，保质期≤3个月；冷冻鱼块等海鲜类产品，保质期≤4个月；贝壳类食品，保质期≤3个月；用开水焯过的蔬菜，保质期10~12个月，未用水焯过，保质期3~4个月；开袋后的速冻饺子、包子等食品，最好在1个月内食用完毕。

45.保存时间越长的食品越不安全吗?

食品安全与否,不仅与保存时间有关,更取决于保存的条件和食品加工过程中采用的保鲜技术。当前最常见的保鲜技术有低温、使用防腐剂、充氮或二氧化碳等几种。

在现有的保鲜技术下,存放了半年的产品,不一定比存放了三天的产品更不安全,比如一块在-18℃条件下储存了半年、刚从冷库中拿出来的猪肉,另一块则是现宰猪的猪肉,但在夏天常温下放置了3天,哪块更安全? 不言而喻。因此,在食品安全问题上,一定要注意保鲜技术与贮存条件。

46.蜂蜜有没有保质期?

美国考古学家曾经在埃及金字塔中发现了一坛蜂蜜,经鉴定,这坛蜂蜜已存放了3300多年,但并没有变质,还能食用。可是我们在超市里看到的蜂蜜,都标有10个月或2年不等的保质期。这就令人迷惑了,蜂蜜到底有没有保质期?

事实上,蜂蜜本身就是一个细菌的"绝缘体"。蜂蜜是高糖物质,正如前面提到过的,高糖条件下,细菌无法生存。同时,蜂蜜有着极强的渗透压,细菌的渗透压要远低于蜂蜜,这样使得细菌难以进入蜂蜜。另外,蜂蜜的酸度较高,它的pH为3.2~4.5,而大多数细菌繁殖的适宜pH为7.2~7.4,因此细菌无法在蜂蜜里生长。

那么为什么超市里的蜂蜜标有保质期呢? ①因为蜂蜜具有很强的吸湿性,如果没有完全密封,就容易吸收空气中的水分,加上氧化作用,糖分分解后产生酒精、二氧化碳和水。②市场上出

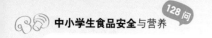

售的蜂蜜，纯度很难保证，水分含量高，很容易变质。因此在我国的食品法里明确规定了蜂蜜的保质期一般为18～24个月。

七　我要做食品安全小卫士

47. 如何判断食品是否腐败？

食品腐败变质，往往会引起感官性状的变化，色泽改变，产生异味，弹性降低，黏度增加。我们可以通过视觉、嗅觉、触觉等来查验食品是否腐败变质。

（1）视觉法

食品腐败变质时，常会出现黄色、紫色、褐色、橙色、红色、绿色和黑色的片状斑点或全部变色。液态食品变质后会出现浑浊、沉淀、变稠等现象；变质的牛奶可出现凝块、乳清析出、变稠等现象，有时还会产生气体、涨袋。如出现上述状况，说明食品已变质。

（2）嗅觉法

含有不同营养成分的食品变质后产生不同的气味。蛋白质在微生物和酶的作用下会产生恶臭味；碳水化合物会分解产生酸味或酒味；粮食在温暖潮湿的环境下受霉菌损害，产生霉味；富含脂肪的食物在紫外线、氧气和水分的影响下会产生一股又苦又麻、刺鼻难闻的味道，俗称哈喇味。当食物出现不应有的腐臭味、酸味、霉味或哈喇味时就是腐败变质。

（3）触觉法

固体食品变质，组织细胞破坏，导致食品的性状发生变化，软化变形等。如肉类食品松弛、弹性差，摸起来发黏；蔬菜变得软烂。当食品软化变形时要警惕食品变质。

48.什么是"三无"食品？买到"三无"食品怎么办？

三无产品存在较大的食品安全隐患。①无生产日期，很有可能是过期变质的食品；②无合格证，很有可能防腐剂、色素等添加剂不合格或超量超标；③无生产厂家，很有可能生产环境脏乱差，所生产食品的各项卫生指标和安全指标无法保证，具有一定的污染风险，或使用不合法规的原料（有毒、有害、变质、劣质等）制作的食品，或者包装存放不符合相关要求造成二次污染的食品。

在此提醒各位青少年朋友们，要杜绝"三无"食品，避免身体健康受到侵害。如果买到三无食品怎么办？果断丢弃，并且拨打消费者投诉举报电话：12315！

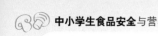

49.怎样才能买到更安全的食品？

①尽量不购买露天销售的食品。由于汽车行驶、人员流动、刮风等将周围的尘土、杂物等扬起，一些致病微生物会随之黏附在露天摆放的食品（尤其是散装无包装食品）上，带来安全隐患。同时，各类食品成分都很复杂，经过日晒、光化、发热分解，即使在保质期内，食品也容易发生变质。如密封食品因水分难以蒸发，容易产生霉变；含油食品经日晒后会发生"酸败"；酒和饮料日晒后会发生脱色、沉淀，出现絮状物等。

②不买包装不全的食品。国家《中华人民共和国食品卫生法》和《食品标签通用标准》规定，食品包装上应清楚地印上品名、厂名、厂址、生产日期（批号或代号）、规格、配方或主要成分、保质期、食用方法或使用方法等内容。标识内容不全、不清楚的，我们就不要购买。不购买包装、标识不全的食品，来路不明的散装食品更要慎重购买。

③看配方，一般来说，配方越简单说明食物越健康。

④看营养，关键注意钠和反式脂肪，钠盐要少，反式脂肪最好没有。

⑤看价格，"一分价钱一分货"，食品如果是同类产品、相同重量却非常便宜，那么你要当心，注意生产厂家和其他生产信息，注意保质期。当然超市搞大促销除外。

50.烹调过程中会产生有害物质吗？

烹饪中可能产生有害物质。

我们前面说过，油炸、烘烤，炙烤、长时间烹煮植物性食品，特别是富含淀粉的食品，容易产生丙烯酰胺。丙烯酰胺属于2A级致癌物质，每千克炸薯片中有752微克丙烯酰胺，每千克油炸谷类食品中的丙烯酰胺也有400微克左右。

熏制或烤炙食品时，由含碳燃料木柴、木炭、油脂等有机材料不完全燃烧，产生的多环性芳香化合物多环芳烃是一种潜在的致癌物质。炭炉烧烤产生的多环芳烃的量较多，每千克炭炉烤肉的多环芳烃含量为144微克。

此外，热加工过程还会产生甲基乙二醛、呋喃、羟甲基糠醛、反式脂肪酸等有害成分。

51. 如何避免不当的烹调带来的食品安全隐患？

不正确的烹调方式会产生有害物质污染食品，摄入过多会有健康风险。不过也不必太担心，有毒有害的物质在自然界非常多，并不是有毒有害的物质就一定会另人中毒，剂量决定毒性，能否危害健康主要看你摄入的量是否在安全剂量的范围以内。一般科学家的建议是：摄入尽可能少的这些物质。

我们不需要完全拒绝某些有危害的食品，但是一定要尽可能的降低我们的健康风险，减少摄入有害物质的频率、数量。爆炒、炝锅虽然有一定风险，但也没必要因此只吃水煮食品，可以蒸煮、爆炒和烧烤适当搭配，享受美食，同时降低风险。

52.剩饭菜怎样处理更安全?

为了不浪费，吃剩饭剩菜是难免的，但要注意保存和加热的正确操作。

①趁热、密封将剩饭菜放入冰箱冷藏，30~40℃是细菌最容易滋生的温度，10℃以下绝大多数细菌的生长繁殖速度都会放慢，而冰箱冷藏室通常冷藏温度是4~8℃，尽快将剩饭菜放入冰箱更安全。

②打包剩菜饭不宜久放，最好能在5、6个小时内吃完。食用之前必须要彻底加热，以杀灭那些可能存在的少量细菌。

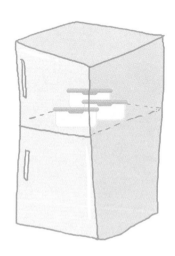

③生、熟分开存放。有些病菌不怕冷，容易存在于生肉制品中，另外生牛奶和一些奶制品也容易被污染。所以，剩饭菜要与生的食材分开放置。

④剩饭剩菜不要反复解冻。在解冻时，一些"冬眠"的细菌会"复苏"，并进行繁殖，加速食品的腐败变质，有些还可能会产生毒素。

53.怎样能尽量去除果蔬上的农药残留?

如果不是违规使用农药，蔬菜水果中农药残留并没有我们想象的那么严重和不安全，但日常清洗也不能马虎。三个简单方法，有效去除农药残留。

一是去皮。对于能去皮的蔬果，清洗后去皮吃最安全，不用心疼皮上那一点营养素。胡萝卜、西红柿、茄子、土豆就更直接，搓一搓、擦一擦、削削皮（剥皮），就能去除大部分的农残了。

二是流水冲洗，然后浸泡。对于不方便去皮的蔬果，先用干净的流动水冲洗30秒以上，再用清水泡5~10分钟，然后再冲洗一遍，就可以把风险降到足够低。

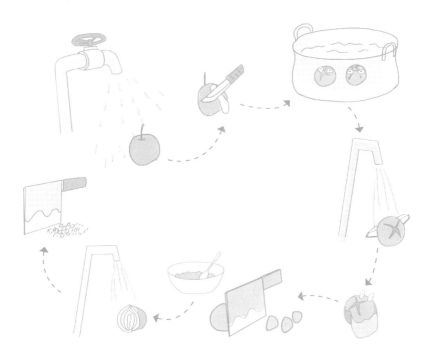

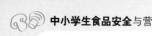

54.为什么说分餐制更安全、更合理？

"分餐制"越来越成为社会倡导的饮食方式。

分餐是与共餐相对的，分餐制的特点就是自己吃自己的，避免同一餐桌上的人们的餐具在同一个盘子里交叉。不方便分餐时可使用公筷公勺，公筷夹菜，私筷进食，也能起到分餐的效果。

分餐进食是对他人和自己健康的保护，可以阻断进食者口腔中的病毒和细菌交叉感染，降低传染性疾病和食源性疾病的发生。此外，分餐制更能够促进合理膳食、规律有恒，根据每人需要的营养搭配饭菜品种与数量，有助于适量摄入，有效预防肥胖、糖尿病等慢性疾病的发生。分餐还有利于减少浪费，促进形成良好饮食习惯和社会风气。

PART II

食品营养篇

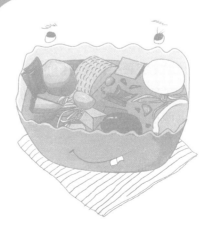

好好吃饭，膳食平衡，才能保持正常的营养状态，不仅有利于身体健康，保持青春活力和健美体形，而且能够促进智力发展，有利心理健康。特别是中小学生正处于生长发育的关键时期，营养的保障尤其重要。

人体所需的营养素有七大类近50种，通常我们将其分为七大类，即蛋白质、脂肪、糖（碳水化合物）、维生素、无机盐、水和膳食纤维。不同种类食物中的营养素有所区别。

那么，怎么样才算"好好吃饭"呢？

一 膳食营养重在平衡——中国人的"膳食宝塔"

55. "膳食宝塔"是什么？

中国居民平衡膳食宝塔（简称"膳食宝塔"）是权威的官方饮食指南，让我们了解自己到底该吃什么、吃多少、怎么吃。

这座塔遵循平衡膳食的原则，根据中国居民膳食指南，结合中国居民的膳食结构特点设计，把各类食物的数量、比例以及重要性做成塔状图呈现出来。

膳食宝塔显示了我们每天所需的饮食构成及分量，共分五层，每层食物种类不同，从下往上：

第一层是谷薯类，是我们的主食，主要提供碳水化合物。

第二层是蔬菜和水果，主要提供维生素和矿物质。

以上两层主要是植物性食物，构成了我们每日膳食的主要部分。

第三层是鱼、禽、肉、蛋类，它们是动物性食物，主要提供蛋白质、脂肪等。每人每天应适量食用。

中国居民平衡膳食宝塔（2016）

盐	<6克	第五层
油	25～30克	
奶及奶制品	300克	第四层
大豆及坚果类	25～35克	
畜禽肉	40～75克	第三层
水产品	40～75克	
蛋　类	40～50克	
蔬菜类	300～500克	第二层
水果类	200～350克	
谷薯类	250～400克	第一层
全谷物和杂豆	50～150克	
薯类	50～100克	
水	1500～1700毫升	

每天运动6000步

第四层是奶类和豆类，这类食物富含钙、优质蛋白和B族维生素，对降低慢性病的发病率非常重要。

第五层是油和食盐，是增加食物风味的调料，每日应限量食用。

心明眼亮的同学应该已经发现了，这座宝塔的基底旁边还有水和跑道，这两项是新版膳食宝塔增加的内容，强调每日足量饮水和保证运动的重要性。

56.什么是健康饮食的"金科玉律"？

营养专家提出六条健康饮食的权威法则，条条都是科学研究和经验总结的结晶，是我们日常健康饮食的核心原则。

①食物多样、谷类为主。每天摄入的食物种类要尽量多样化，因为每种食物中的营养有限，吃的食物种类越多，摄取的养分也就越全面。

②吃动平衡、健康体重。吃动平衡是保持健康的关键，推荐青少年每天至少运动1小时。

③多吃蔬果、奶类和大豆。应该顿顿吃蔬菜，天天吃水果，常常喝奶，适量吃坚果。

④适量吃鱼、禽、蛋和瘦肉。鱼类不饱和脂肪酸含量高，蛋类营养成分全面，对人体健康大有裨益，但同时也含有较高的胆固醇和脂肪。肉蛋虽香，可不能贪吃哦。

⑤少盐少油、控糖限酒。

⑥杜绝浪费、兴新时尚。食物来之不易，勤俭节约是中华民族传统美德，应杜绝餐桌浪费，同学们应传承优良饮食文化，树立健康饮食新风尚。

总体来说，就是每日食物种类越多越好，五谷为养，五果为助，五畜为益，五菜为充，控制总量；同时盐越少越好，油要适量，少量频饮白开水至日所需总量，适量食用肉类时多吃鱼肉少吃红肉，养成天天运动的好习惯。

57.什么是"隐性饥饿"？

"隐性饥饿"就是长期只吃某几类食物，很少或压根儿不吃其他类食物，饮食结构不平衡，导致体内某些营养素缺乏，就是俗话讲的"营养不良"。

"隐性饥饿"伤害身体的方式如"温水煮青蛙"，不知不觉就患上糖尿病、心血管疾病等慢性病，甚至导致死亡。中国约有

3亿人身处这种可怕的"饥饿"中。同学们可以做个自查：

你能够保持每天的食物多样化吗？

你每天能吃够12种食物吗？

你每周吃的食物品类能够达到25种吗？

以上三个问题中，如果有两个问题你不能做出肯定回答，那你很可能就是"隐性饥饿"圈的人了。这个问题着重告诉我们——选择食物应多样，不偏食不挑食，饮食均衡很重要。

58.怎样才能平衡膳食，摆脱"隐性饥饿"？

平衡膳食，食物多样——注意哦，不是吃更多量的食物，否则就走向营养不良的另一端——营养过剩。

均衡膳食，食物多样，不必局限于某一餐，可以天、或周为单位，做到以下几点：

①平均每天摄入12种以上食物，每周25种以上。别嫌麻烦，这不难操作，比如可以跟爸爸妈妈要求，熬粥时将各种豆类、薯类与大米、小米、藜麦等一起熬煮等。

②餐餐有水果和蔬菜，其中深色蔬菜占一半（果汁不能代替鲜果）。

③鱼、禽、蛋和瘦肉适量即可，优先选择鱼和禽类。少吃或不吃烟熏和腌制肉制品。

④每天吃一把坚果，如核桃、花生、瓜子、腰果、松子、开心果，就一小把哦！

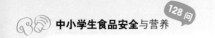

二 中小学饮食营养守则，守护你的健康

59. 中小学生所需营养有哪些特征？

简单来说，就是中小学生需要的营养种类多、需求量大。①中小学阶段正处于青春发育期时期，身体与大脑快速生长，第二性征出现，内分泌变化，需要补充全面且大量的营养素，保障青春发育的顺利进行。②中小学阶段大脑思维、记忆、理解活动十分活跃，脑力活动消耗的能量大，因而对各种营养素的需要量也较大。

60. 中小学生合理摄入营养"三原则"是什么？

中小学生处于成长发展的关键阶段，对营养的摄入，要在遵循六大"金科玉律"的基础上，特别注意以下三点。

第一，全面。没有任何一种天然食物能够包含人体所需的各种营养素，也没有单一营养素能够具备全部的营养功能。因此，同学们要吃多样的食物，摄取全面的营养成分，不能偏食挑食。

第二，适当。人体元素组成与人体在不同状况下对各种营养的需要量是有一定比例的，健康平衡的膳食要求必须对各类食物进行搭配，特别是蛋白质、脂肪和碳水化合物三者的比例要合理。

第三，具体。每个人的遗传因素、身体状况、所处年龄阶段、生活环境、营养状态等各方面的条件均不相同，因此，在营养摄入和补充方面应区别对待。当生活和学习环境、生理条件改变时，营养素的摄取也应适当调整。

要保证所摄取的各种营养成分与生理需要之间形成相对平衡，注意吃多样的食物，并且做好不同食物种类的合理搭配。同时要因人而异，具体对待，动态调整，保证摄入营养素的平衡。否则就会造成营养不良或者营养过剩，有时甚至会同时存在过剩和不足，即体内所需的一些营养素过剩，另一些则不足，这些都是营养失调，不利于身体和心智健康发育。

61.中小学生每天吃什么、吃多少比较合适？

膳食宝塔给出了一般健康人适宜摄入各种食物量的范围，在实际应用时要根据个人年龄、性别、身高、体重、劳动程度、季节等情况适当调整。

①谷薯类食物每天的摄入量是250～400克，其中全谷物和杂豆类50～150克，薯类50～100克。

②蔬菜每天应吃300～500克，新鲜水果200～350克。要注意，水果不能代替蔬菜，也不能用果汁代替水果。

③每天摄入大约100克鱼肉，100克畜禽肉，一个鸡蛋。

④建议大家每天喝一杯300毫升的液体奶或所含营养物质相当的奶制品，吃30～50克大豆及豆制品。切记，奶茶类饮料不是奶。

⑤每天摄入烹调油大约4小勺，即25～30克；食盐的摄入总量不超过6克，大约一小勺。

⑥每人每天应喝1500～1700毫升水，大约8杯水。青少年朋友每天不应少于1小时的身体锻炼。

简单地说，中小学生每天的食量大概是主食、蔬菜半斤八两（250～400克），鱼肉、畜或禽肉各二两（100克），鸡蛋一个，牛奶常喝，水要及时补充，水果、干果适量即可。

合理营养是健康的物质基础，而平衡膳食结构又是合理营养的根本途径。养成良好饮食习惯，日日锻炼坚持不懈，你必定收获自己的健康大红包。

62.中小学生应补充哪些矿物质?

中小学生发育迅速，对矿物质需求量相对较大。同时，这一时期对矿物质缺乏也极为敏感，因相对需求量较多，故极易缺乏矿物质，主要为钙、铁、锌等。

①钙。钙不仅是构成骨骼、牙齿等组织的主要矿物质成分，而且在调节骨骼肌和心肌的收缩、维持平滑肌及非肌肉细胞活动及神经兴奋、参与血液凝固等各种生理和生物化学过程中起着重要作用。中小学生每日的钙推荐摄取量为1000～1200毫克，相当于1000毫升牛奶中钙的含量。因此中小学生每天喝500毫升牛奶基本可满足身体钙需要量的一半，其他如虾皮、大豆、海带、紫菜以及芝麻酱也含有丰富的钙，日常食用，可补足所需的钙。

②铁。铁对于造血功能和牙齿及骨骼的构成相当重要，人体中含铁量不足，会导致贫血和乏力，还会产生心情压抑、易怒及皮肤干皱等。动物肝脏和血中含有丰富的铁，其他如瘦肉、鸡蛋黄等也是铁的良好来源。此外，经常吃新鲜的水果蔬菜可促进铁的吸收。

③锌。锌对促进大脑发育、增强免疫力、维持正常食欲、保护皮肤健康、加快伤口愈合等均起着重要的作用，且与生殖系统代谢功能密切相关。缺锌会影响智力发育，造成食欲减退、发育不良。动物性食物、海产品等食品中均含有一定量的锌元素，中

小学生平常应注意适当多吃含锌食物。

63.中小学生运动后该补充哪些营养？

体育锻炼与合理营养是维持和促进健康的两大重要条件。中小学生活泼好动，运动量较大，新陈代谢旺盛，消耗能量较多，同时运动中大量出汗，身体中的钙、铁、钠、锌等矿物质随汗排出体外，需要及时补充。

运动后，应注意补充钙、钠、铁、锌、蛋白质和维生素等营养素。钠随汗液流失量最多，在大量流汗后及时补充，饮些淡盐水，有利于缓解疲劳；运动后蛋白质的供给应比平时每天增加10～20克，保证优质蛋白占到一半以上。另外，应多吃绿色蔬菜和橙黄色的蔬菜、水果，补充各种维生素。

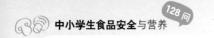

三 主食——粗精搭配，杂食多样更合理

近年来，关于主食的种种负面传闻不绝于耳，主食甚至被扣上了"慢性病的元凶"的帽子。于是餐桌上的主食显得十分尴尬，大家总能找到各种"不吃主食"的理由。那么主食到底要不要吃？当然要吃，而且主食要粗精搭配、杂食多样。

64. 不吃主食有哪些危害？

不吃主食的危害很大。不吃主食会造成以下不良后果：

①增心脏病风险。为了增加饱腹感，主食吃得越少，肉蛋等富含蛋白质的食物就得吃得更多，因而体重增加，成年人心血管系统发病风险更高。

②增大肠癌风险。淀粉食物摄入少，身体的能量就需要蛋白质来提供。而蛋白质分解后会产生大量废物，增加肝脏和肾脏的负担，促进大肠的腐败菌增殖，容易导致肠癌。

③导致大脑退化。大脑每天需要约130克淀粉，需由主食提供，若主食进食不足，会导致精神不振、注意力不集中、思维迟钝、焦虑不安等症状，严重影响大脑思维。

④引起内分泌失调。不吃主食可能会使身体内分泌被打乱，对于女生来说，以不吃主食减肥还有可能会出现生理期紊乱等严重问题。

⑤导致低血糖。长期不食用主食，容易导致低血糖，使人出现心慌、头晕、精神萎靡等症状，严重危害人的身体健康。

⑥容易营养不良。粮谷类食物含有丰富的碳水化合物、膳食

纤维、维生素、矿物质等，是人体最廉价的能量来源。不吃主食、仅靠蔬菜充饥，往往能量不足，导致人体营养不良。

⑦另外，可能与你想当然的情况相反，不吃主食容易发胖。因为不吃主食的人，相应地吃了更多的肉类，油脂摄取多了，体脂增加也就难以避免了。

65. 主食只有大米白面可选吗？

当然不是，主食也很多样，中华民族自古推崇"五谷为养"，我们的主食，都是直接或间接经五谷加工制作而成。随着大家饮食逐渐精细化，很多人把主食局限为"精米""白面"，"五谷"变成了"两谷"，长期食用单一的主食，弊端尽现。

选择主食，遵循粗精搭配，杂食多样原则，便能做到营养合理，健康加倍。

①粗。粗粮中的膳食纤维有利于肠道健康。吃粗粮其实很简单，做白米饭时添些红豆、绿豆、芸豆、豌豆，煮粥时放些糙米、大麦米、玉米碎、燕麦等，这样缤纷多彩，营养丰富，好看好吃。

②杂。杂粮是个宝，吃得越杂越好。杂粮能提供一些独特的营养素，比如燕麦是蛋白质冠军；荞麦是纤维冠军；小米被营养专家称为"保健米"，是调理脾胃虚弱、体虚、精血受损、产后虚损、食欲不振的营养康复良品；红薯是胡萝卜素冠军，有保护视力、预防夜盲症、防止皮肤干燥和增强人体免疫力等作用；黑米能明显提高人体血色素和血红蛋白的含量，有利于心血管系统的保健及少年儿童骨骼和大脑的发育；土豆是维生素C冠军，能增加人体免疫力，改善铁、钙和叶酸的利用。

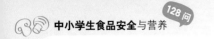

66.主食吃多少合适?

答案就两个字:适量。根据中国居民膳食宝塔的要求,保证每天摄入谷类和薯类食物250~400克为最佳,根据自己的运动量和食量,可适当增减。

具体搭配:全谷粗杂粮和杂豆类50~150克,薯类50~100克,其余食用精米、白面。

四　蔬果——作用特别,不可相互替代

67.为什么要多吃蔬菜?

还记得前面《中国居民膳食指南(2016)》推荐每天摄入蔬菜的量是多少吗?蔬菜300~500克,水果250~300克!营养学家提倡,要餐餐有蔬菜、天天吃水果。

蔬菜到底有什么好,需要吃那么多?

蔬菜水果能量低,富含维生素、矿物质、膳食纤维和植物化学物等营养成分,对保持身体健康,保持肠道功能正常、预防便秘,提高免疫力,降低肥胖风险等具有重要的作用。尤其蔬菜中富含维生素C,不仅具有抗氧化、预防坏血病的作用,而且还能促进我们补铁、补钙,真是个好东西,所以说,蔬菜一定要吃!

68.水果、蔬菜可以相互替代吗?

水果和蔬菜的营养种类有交叉,但它们的营养价值和含量不

同，二者不可相互替代。

①蔬菜的种类远多于水果，蔬菜比水果含有更丰富的维生素、微量元素、矿物质和不可溶性膳食纤维等对人体有益的营养物质。而且，经过烹饪的蔬菜中的膳食纤维素可以得到软化，人体从蔬菜中获取膳食纤维的效率会更高。

②水果中的碳水化合物、各种有机酸和芳香物质比新鲜蔬菜多，具有开胃、抗氧化和促进吸收等作用，而且水果多生食，由于不受烹饪因素的影响，其营养成分流失少，在口感上更佳。但与蔬菜相比，水果中的水分和糖分较高，含糖量一般为5%～15%，食用水果过多容易使人发胖。

总体来讲，蔬菜、水果在营养成分、饱腹感、食物口感等方面均有不同，从平衡膳食角度及营养价值上来看，水果与蔬菜不能相互代替，要平衡摄入。

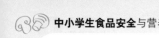

69.蔬菜应该先切还是先洗?

从营养角度考虑,蔬菜一定要先洗后切。

切蔬菜的同时会破坏蔬菜的细胞,蔬菜细胞里面的营养素就流出来了,蔬菜中的大多数维生素都是水溶性的,切后洗菜,蔬菜中的汁水、营养素就与污渍一同被流水带走了。要知道,蔬菜中含有大量的水分,一般鲜菜中含65%~96%的水分;叶菜类、果菜类含水分90%以上;根菜类含水分65%~80%。而且,蔬菜中的水分可不是一般的水,而是经过蔬菜层层过滤吸收"长"到蔬菜"身体"里的汁液,切后洗菜,我们从吃菜中获取的营养就大打折扣了。

70.哪种烹调方式最有利于保存营养素?

各种烹调方式都会损失一些营养成分,即使是生吃,也会因为淘洗、光照、氧化等原因损失部分维生素和矿物质,而吃生的食品安全问题尤其值得重视。我们只能权衡利害,选择一种最好的方式。

①可蒸、可煮、可炖的,首选蒸。蒸、煮和炖都可使维生素C、B族维生素、钙、钾等水溶性营养素释入汤汁中。同理,捞饭的营养成分就不如蒸饭丰富。水煮蔬菜更方便简单,取少量水,没过蔬菜即可,水开后把蔬菜放水里煮一下,断生就捞出,沥干水之后再加调料即成。水煮菜的优点是烹饪无油烟、营养损失少、操作方便、食用安全。

②如果炒,最好急火快炒。与慢火慢炒相比,急火快炒可减

少蔬菜维生素C的损失，也可较好保留肉类的营养。

③煎、炸、烤都不是最佳烹饪方法，炸比煎危害大。炸，用油量大、温度高、时间长，对维生素的破坏相当严重，脂肪、蛋白质、淀粉会因氧化、分解、聚合、相互作用而产生有害物质；煎用油量较少，时间也短一些，比炸稍好；烘烤食物存在与前两种方式类似的问题，尤其是明火烧烤，有害物质更多。

71.生食和熟食哪种更利于摄入蔬菜的营养？

需要明确，我们不提倡中小学生吃生的蔬菜。

蔬菜的细胞壁比较硬，生食蔬菜会增加消化系统负担，而加热烹饪熟制后，蔬菜较好消化，能让人吃下更多的蔬菜。加热烹制蔬菜虽会造成维生素C、B族维生素等一些营养素的损失，但可以通过增加食用量来弥补。

生的蔬菜不安全，存在细菌、病毒或寄生虫等污染风险。另外，一些蔬菜生吃很难下咽，如西兰花、萝卜等，所以，虽然烹饪使蔬菜损失了一部分营养，但是烹饪后能提高蔬菜食用量，易达到每天500克蔬菜的推荐食用量，提高营养吸收率。所以说，只要不过度烹饪，熟食可帮助人体更好的吸收营养。

72."选择蔬果要'好色'"的说法对吗？

这种说法有一定道理。不同颜色代表不同的营养素，食用五颜六色的蔬菜水果，方能汲取丰富全面的营养素。一般来说，深色蔬果营养优于浅色蔬果；叶菜中叶部营养高于根茎营养，叶菜营养又高于瓜菜营养。深色蔬果中含有的维生素、矿物质及植物

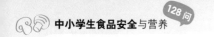

化学物质都要比浅色蔬果更丰富。相比而言，紫苏、红菜薹，黑加仑、杨梅、车厘子（樱桃）等较深色的蔬菜和浆果更有营养。

73.哪些水果蒸熟吃更有营养？

①蒸橙子。橙皮里有那可汀和橙皮油，这两种成分具有止咳化痰的功效，而且没有副作用，但只有在蒸煮之后才能出现。

②蒸柚子。柚子含有丰富的维生素，生吃可补充维生素，蒸食能清热化痰、祛除肠中的恶气。

③蒸苹果。苹果中的果胶经过蒸煮，食用后能吸附体内细菌和毒素，起到收敛、止泻的作用。

④蒸大枣。干红枣富含蛋白质、脂肪、糖类、胡萝卜素及钙、磷、铁等营养素。尤其是维生素含量在果品中名列前茅，有"维生素王"之称。比起生吃，蒸枣更容易消化，更适合脾胃虚弱、肝肾不足、气血亏虚的人。

74. 烂了一部分的水果吃掉还是扔了？

一般来说，水果有三种烂法：①机械性损伤，一些水果在采摘、运输、售卖过程中被磕碰，产生深浅不一的斑点。②低温冻伤，水果受到低温影响渐渐变软、发烂产生黑斑。以上这两种烂都属于水果果肉细胞受损。这两种情况下，水果只是"受了外伤"，颜值不在线了，但并不会产生多少细菌。因而，把果肉变色的地方挖掉，还是可以吃的。③霉变腐烂，这是水果霉变。这种情况下，表面看起来可能只有些斑点，但水果里面却满是坏菌，充满毒素，这些毒素产生有毒代谢产物，就算挖掉斑点，吃掉水果后依然可能上吐下泻。所以第三种霉烂的水果要坚决弃之。

综上所述，水果如果是受了"外伤"，挖掉坏的部分，剩下的还可以吃；如果受了"内伤"，就毫不犹豫地扔掉。

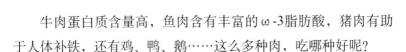

五 肉、蛋，适量摄入，选好吃对

很多同学无肉不餐、无肉不欢。肉类是蛋白质的主要来源，很多情况下，"高蛋白"被视为"营养好"的代名词，所以犒赏自己、病人滋补、请客吃喝等多会想到猪、牛、羊、鸡、鸭、鱼等肉食。凡事过犹不及，肉食营养价值高，但并非多多益善。

75. 肉的种类这么多，该吃哪种呢？

牛肉蛋白质含量高，鱼肉含有丰富的 ω-3 脂肪酸，猪肉有助于人体补铁，还有鸡、鸭、鹅……这么多种肉，吃哪种好呢？

有个顺口溜可做参考——"没腿的优于两条腿的，两条腿的优于四条腿的"鱼、虾没有腿，是肉类首选；鸡、鸭、鹅等有两条腿；四条腿的如牛、羊、猪。同学们可以参考顺口溜的选择顺序，均衡搭配选用肉类。单一食用某种肉类容易造成营养不均衡。

76. 肉的每日食用量应怎样控制？

《中国居民膳食指南（2016）》推荐，鱼、禽、蛋、瘦肉等动物性食物平均每天摄入总量是120～200克。其中水产类约50～100克，禽肉和畜肉加起来约50～100克，猪肉最好不超过50克。《中国居民膳食指南（2016）》强调两个字：适量。

77. 不同部位的猪肉怎么选？

不同部位的猪肉，只有更适合，没有更营养。我们以热量、蛋白质含量排个顺序。

（1）猪肉部位热量由低到高排行

①里脊肉，是猪身上最瘦的肉，100克含热量627.9千焦，蒸烤炖都适合。

②梅花肉，物以稀为贵，能称得上梅花肉的，不仅少，而且贵，关键是观感好口感佳，大理石纹路的细细脂肪，肉质精瘦而香嫩，怎么吃都好吃，热量也不高，100克仅648.8千焦。

③猪舌，热量为100克770.2千焦，酱卤白切都很香，但胆固醇有点高。

④腿股肉，猪身上最强壮的部位，半肥半瘦，每100克提供

795.3千焦热量。

⑤猪蹄，口感Q弹肥嘟嘟，和黄豆炖是绝配，只是热量有点高，每100克含1088.4千焦，减肥时，一周一只，不能再多。

(2) 猪肉部位蛋白质由高到低排行

猪肉蛋白质从高到低的部位分别是猪皮、猪蹄、梅花肉、里脊肉和猪头肉。

78.不同部位的牛肉怎么选？

我们仍以热量、蛋白质、脂肪含量，给不同部位的牛肉排个顺序。

(1) 牛肉部位热量由低到高排行

论热量，最低的是牛大肠，100克只有276.3千焦，只有猪肥肠的1/3，口感劲道，味道浓香。较高的是牛肚、牛肾、牛肺和牛腱子，但每100克热量都不超418.6千焦，而且，牛肾可以补硒。

(2) 牛肉部位蛋白质由高到低排行

论蛋白质含量，牛蹄筋最高，排第一，牛腱子、牛腰脊、牛小排、牛肋脊均榜上有名。吃牛排的注意了，你所吃的牛排，无论是菲力、西冷还是沙朗，都源自后腰脊，因为这个部位的肉有肉有筋，口感滑嫩，蛋白质都较高。

(3) 牛肉部位脂肪由低到高排行

论脂肪，牛蹄筋能量虽高，脂肪却低，100克牛蹄筋中含0.5克脂肪。其他部位脂肪由低到高分别是牛腱子、牛肚、后腰脊和牛肾。

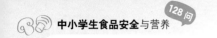

综合各部位牛肉的营养素特征，减肥健身者的首选是牛腱子；第二是牛肚；第三是一头牛只有3~4千克的后腰脊。

79.多吃鱼真的能变聪明吗?

吃鱼使人聪明，这不是谣言。科学研究证实，鱼类，尤其是海水鱼含有较高的ω-3多不饱和脂肪酸，我们常听说的DHA、EPA等都属于此类物质。ω-3多不饱和脂肪酸是神经系统的主要构成成分，对大脑和视觉的发育与保健有着独特的作用。因此，对正处于发育期的中小学生，鱼是种好食材。

此外，鱼肉比禽畜肉更容易消化，鱼肉中的蛋白质含量一般为15%~22%，含有多种人体的必须氨基酸，尤其是亮氨酸和赖氨酸，鱼类蛋白质的氨基酸模式与人体相近，利用率较高，属于优质蛋白质。

不同的烹调方式对鱼类营养价值有影响，蒸煮和烤（包括微波炉烤和烤箱烤）能较好地保留鱼肉的各类营养素，油炸则会大量破坏不饱和脂肪酸和维生素。

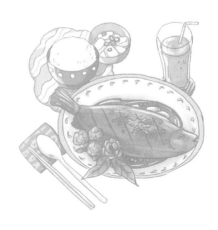

80.肉吃多了有什么危害?

　　肉吃多了消化不良、吸收不了,辛苦了胃,浪费了肉,不好;但吃下去那么多肉全消化吸收了,危害更大。①肉普遍含有较多胆固醇,吃了对心血管系统不利,会增加患血脂异常、高血压、冠心病、动脉硬化等疾病的风险。②肉类含有较多饱和脂肪,会增加导致肥胖、糖尿病以及乳腺癌、结肠癌、前列腺癌的风险。③很多肉类的烹调加工方式,如油煎、油炸、烧烤、熏制、腌制等,也会产生有害物质,如杂环胺、苯并吡等。

　　还是那句话,吃肉要"适量"。

81.鸡蛋怎么吃最营养?

　　煎蛋、卤蛋、茶叶蛋,蒸蛋、炒蛋、水煮蛋……哪种做法最营养?

　　五星吃法:水煮蛋。不需要额外加盐,鸡蛋中各类营养,尤其是维生素保存得最为完整。从营养的吸收和消化率来讲,带壳水煮蛋也是最佳。

　　四星吃法:蒸蛋、鸡蛋汤。营养方面和水煮蛋差不多,而且特别适合儿童。只是水溶性的维生素和矿物质会损失一些。

　　三星吃法:炒蛋、煎蛋、卤蛋、茶叶蛋。维生素、矿物质等营养素损失较多,特别是炒蛋、煎蛋烹饪过程中容易盐、油超标,鸡蛋中的脂肪、胆固醇受热易氧化生成有害物质,不利于心脑血管健康;此外卤蛋、茶叶蛋制作过程中容易被细菌污染。

82. 蛋白与蛋黄，营养哪个强？

鸡蛋不仅营养丰富，蛋白优质，还含有钙、铁、锌、叶酸、维生素B_6、维生素B_{12}等矿物质和维生素。然而鸡蛋的两个组成部分，不仅色泽形状有别，口感也截然不同，蛋白Q弹爽滑，蛋黄绵密清香。它们在营养成分上有区别吗？

蛋白质 60%

蛋白质 40%、脂肪、钙、锌、VB_{12}、叶酸、维生素 B_6、叶黄素、卵磷脂

从整体营养价值来说，蛋黄优于蛋白。不过，营养成分上的差异，不能成为你挑食蛋黄或蛋白的理由，饮食这件事上，要时刻记住基本原则——多样！平衡！适量！所以，蛋白、蛋黄都吃才是真的会吃鸡蛋。

83. 一天吃几个鸡蛋比较好？

根据中国营养学会的建议，正常成年人，每天可以吃1个鸡蛋，记住，这里指的是全蛋！

青少年、孕产妇、健身者、大病初愈者等需要额外补充营养的人，可以每天吃2、3个鸡蛋。

不过，鸡蛋虽好，也不是人人都适合吃。以下人群就得限制鸡蛋的摄入：对鸡蛋过敏者，不能吃鸡蛋；脂类代谢有问题的人、胆固醇已高过正常值的人、胆囊炎患者等要限制吃鸡蛋（特别是蛋黄），同时还要少吃动物性脂肪。

总之，对大部分的人来说，一天吃1个鸡蛋即可，偶尔超量，也没什么问题。

84.吃鸡蛋能补铁吗？

蛋黄中含铁元素，但很难吸收。因为蛋黄中有一种叫做"卵黄高磷蛋白"的物质抑制铁吸收，导致蛋黄中铁的吸收率只有3%左右。相对而言，通过吃红肉、动物血等方法补铁更有效。

85.鸡蛋可以生吃吗？

吃生鸡蛋有风险。

有的人觉得鸡蛋加热熟制后营养会流失，因此生鸡蛋营养更丰富。实际上，吃生鸡蛋不太好消化，会影响鸡蛋营养的吸收，而且鸡蛋可能被细菌污染，生食存在安全风险。所以不推荐吃生鸡蛋。

86.蛋壳的颜色与营养有关吗？土鸡蛋的营养更丰富吗？

鸡蛋皮颜色与鸡的品种有关，鸡蛋是红皮还是白皮，二者营养价值没差别。

土鸡蛋是指散养鸡下的蛋，与之对应的是圈养的、吃饲料的"洋鸡"下的"洋鸡蛋"。很多人都觉得"土鸡蛋"营养高于"洋鸡蛋"，但检测数据并不支持这种说法。相对而言，土鸡蛋的蛋白质、碳水化合物、胆固醇、钙、锌、铜、锰含量略多一点，而脂肪、维生素A、维生素B_2、烟酸、硒等略少一点。总体上，两者营养价值相差不大。只是由于两者吃的食物不同等因素，土鸡蛋中可能含有一些风味物质，让人觉得味道更好。

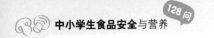

六 奶和豆，有补益

87.牛奶为什么被称为"白色黄金"？

有些科学家给牛奶冠以"白色黄金"的称号。营养检测发现，牛奶中含有蛋白质、碳水化合物、矿物质和维生素等多种人体需要的营养物质。牛奶的蛋白质含量通常在3%以上，是最为适合人体需要的优质蛋白质之一；牛奶的脂肪含量3%～4%，属优质脂肪，具有短链脂肪酸多、不饱和脂肪酸含量高等特点；牛奶中的碳水化合物主要是乳糖，是人体糖蛋白的重要构成成分。而且，牛奶中蛋白质、脂肪、碳水化合物比例适宜，对儿童成长发育比较有益。

88.为什么说牛奶是最佳补钙食物？

我们经常会听到"多喝牛奶能长高"这样的说法。每升牛奶平均约含1000毫克钙，而且牛奶中还含有可以促进钙吸收的其他辅助成分，因此，人体对牛奶中的钙的吸收率高于一般食品。

钙不但是构成人体骨骼的基本物质，而且是多种酶的激活剂，对调整肌肉收缩、神经活动等具有重要作用。牛奶中的钙磷比为1.3：1，接近人体骨骼钙磷比，在维生素D等作用下，更易被人体吸收，所以说牛奶是最佳的补钙食物，能帮助你长高个，变强壮。每天300毫升牛奶，今天你喝了吗？

89. 有奶皮的奶才是好奶吗?

仅凭有没有"厚奶皮"来判定牛奶的品质的高低,是不科学的。

有人认为在一些特定的供奶点打的散装生奶,煮沸后出现"奶皮",这样的奶的品质好于其他鲜奶制品。其实这是个认识误区。乳品厂在给生奶升温杀菌之前,要经过脂肪球特殊破碎处理工艺,目的是防止产品形成"奶皮"粘到容器上,从而造成营养流失。所以,经过加工处理的生奶产品不容易形成"奶皮",但并不比没经过处理的同样奶源的牛奶营养价值低。

90. 饭后喝酸奶能助消化吗?

"饭后喝酸奶助消化"这个说法不正确。喝下的酸奶首先要经过胃酸的"折磨",酸奶中的益生菌会在冲向肠道的过程中牺牲掉一大批,且酸奶的含糖量较高,如果吃饱饭再喝200毫升酸奶,等于又吃了50克米饭、两口肉。

相对而言,喝酸奶最佳时间为餐后1小时左右,或随餐喝酸奶,同时减少一点饭量。

91. 复原乳是"假牛奶"吗？

当然不是！通俗地讲，复原乳就是用奶粉加水还原而成的牛奶，所以又被称为"还原乳"或"还原奶"。

奶粉用牛奶干燥制成，制作中要经过一次高温灭菌；由奶粉冲兑成复原乳后，会再经过一次高温处理。因此与巴氏奶和常温奶比，复原乳在加工过程中二次受热，所以大家担心可能造成营养流失。但实际上，加热对复原乳营养的破坏远没有传说的那么严重。首先，蛋白质经过加热变性不仅不会损失营养，甚至还有助于消化；其次，钙几乎不受高温的影响；两次高温下，维生素B_2和维生素B_{12}损失大约15%。可见，鲜奶与复原乳的蛋白质和钙的营养素含量相差无几，只是少了15%的维生素B_2和维生素B_{12}。

92. 乳酸菌饮料也是酸奶吗？

乳酸菌饮料不是酸奶，是含乳酸菌的饮料。

①从原料看，制作酸奶的原料是牛奶；制作乳酸菌饮料的原料是水、白砂糖（或甜味剂）、酸味剂、果汁、茶以及经乳酸菌发酵制成的乳液。

②从加工过程看，酸奶是鲜牛奶经过灭菌消毒后，经乳酸菌发酵制成的乳制品；乳酸菌饮料是将乳酸菌发酵乳液中加入水及白砂糖（或甜味剂）、酸味剂、果汁、茶等调配而成。

③从营养特征看，牛奶发酵后，其营养成分没有被破坏，同时牛奶的酪蛋白结成凝乳，能提高营养的消化和吸收率，提高了

钙的吸收率；乳酸菌饮料只是一种饮料，其中的牛奶含量很低，含糖量则较高。

总体上来讲酸奶的营养价值大于乳酸菌饮料，乳酸菌饮料含糖量高于酸奶。

93.怎样选购巴氏杀菌乳？

巴氏杀菌乳属需冷藏的保鲜产品，购买时首先要注意售货单位是否有冷藏柜等能满足产品存放条件的设备，另外需特别注意产品的生产日期，以及外包装是否完好无损，避免购买即将过期或变质的产品。最后，巴士杀菌乳不宜一次购买太多。

94.全脂、低脂和脱脂，牛奶如何选？

牛奶的风味物质一般都源于脂肪，全脂牛奶风味物质和脂溶性维生素保留全面，但脂肪也全部保留下来了；脱脂牛奶在脱脂的过程中，风味物质也随脂肪一起被"脱"去了；低脂牛奶介于全脂牛奶与脱脂牛奶之间，保留了一定的风味物质，但也含有一些脂肪。

一般而言，体重正常、没有疾病的普通人，全脂牛奶又好喝又营养素全面，是最佳选择。低脂牛奶适合那些希望保持身材的同学们。除非体重、体脂肪率和血脂等情况需要而选择脱脂牛奶，正常情况下无需见"脂"便退避三舍，特别是处于生长发育期的中小学生，更不能盲目选择"脱脂"——体重超标的小朋友另当别论。

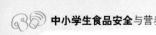

95.为何有"会吃豆，胜吃肉"的说法？

老人常说：吃鱼吃肉不如吃豆。中国居民膳食宝塔五层中就有两层提到了豆，第一层主食中有豆，建议每天食用全谷物和杂豆50～150克；第四层优质蛋白中有豆，推荐每天摄入大豆和坚果25～35克。豆这么频繁地被点名，一定是对人体有特别的好处。

豆类对人体益处很多。豆及豆制品含有丰富的优质蛋白、不饱和脂肪酸、钙及B族维生素，而且物美价廉，堪称优质食物的完美代表，对青少年身体健康不可或缺。①补充蛋白质。豆类蛋白质含量高，且质量优，被誉为"农田之肉"，是植物性优质蛋白质的重要来源。②健脑。豆制品含有丰富的卵磷脂，这种物质可以维持脑细胞的正常新陈代谢和运转，对神经和大脑有好处，有助于改善记忆力和保持智力。③预防骨质疏松症。豆及豆制品富含钙和一定量的维生素D，两者结合可有效预防骨质疏松症。④提高身体免疫力。豆制品富含赖氨酸和不饱和酸、淀粉、蔗糖和各种维生素与矿物质，食豆及豆制品并通过合理的饮食组合可获得均衡的营养，从而提高免疫力。

96.豆子和豆芽，吃哪个有利于营养吸收？

豆芽蛋白质较容易吸收，还能提供膳食纤维，同时一些营养素含量也倍增，所以吃豆芽更利于营养吸收。

当豆子变成豆芽后，营养价值会大大增高。以维生素C为例，含有相同热量的绿豆芽的维生素C含量是绿豆的30倍。再看维生素K，100克豆子可以长出1000克以上的豆芽，维生素K的含量增加了大约40倍。此外，当豆子长成豆芽，其所含的B族维生素也大幅增加。

另外豆子变成豆芽后，蛋白质部分分解，较容易吸收，其营养成分利用率比豆子的蛋白质利用率提高5%～10%。

另外，胃肠功能较弱的人最好选吃豆芽而非直接吃豆子，豆子变成豆芽后不仅营养成分提高，而且更好消化，还解决了吃豆子腹胀的问题。

七 盐和油，须限量

97.为什么高盐会使免疫力降低？

高盐环境会影响人体的免疫力。因为体内高盐环境会促进糖皮质激素分泌，而糖皮质激素有抑制免疫反应的作用，如果体内产生过多的糖皮质激素，就会抑制中性粒细胞抗击细菌性感染的体液免疫能力。就是说，吃太咸，免疫力会下降。一个星期的高盐饮食，就足以使人体的中性粒细胞战斗力下降，杀菌能力大大降低。因此，要想免疫力强，多吃蛋白少吃盐。

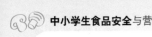

98.高盐饮食会导致哪些疾病？

世界卫生组织2017年发出警示：全年高盐饮食导致全球300万人死亡。而我国，导致死亡的饮食相关风险因素中，排在榜首的就高盐饮食！

小小的盐，杀伤力有这么强。高盐饮食至少有五宗罪：一是引发高血压症，二是造成心脑血管疾病，三是引起钙流失，造成骨质疏松；四是高盐膳食与胃癌也有关系，胃里过多的盐会刺激胃黏膜，致使胃黏膜细胞经常分裂，增加形成胃癌的概率。另外，食盐过量可能会间接导致记忆力衰退，并逐步影响智力。

99.怎样能减少食盐的使用？

学过化学你就懂得，食盐的分子式是NaCl，它真正危害健康的是其中的Na+，即钠离子。因此饮食减盐，主要在于控制摄入钠离子。

①首先识别藏在精加工食品中的"隐身盐"，酱油中盐的含量占1/5；另外尤其应注意，果脯蜜饯、挂面、面包、坚果、饼干、番茄酱、豆腐乳、香肠、培根等食品中都有很高的盐分。

②减少盐摄入，可以选择低盐酱油，减少味精、鸡精、蚝油、鱼露、豆瓣酱、沙拉酱等含盐复合调味料用量。

③多采用蒸、煮、拌等少油少盐的烹饪方式。烧菜时可以加少许醋或者柠檬汁，提高菜肴的鲜香味；也可以在烹调食物的时候适量放些姜、蒜、花椒、八角、芹菜、香菜、洋葱、蘑菇等天然食材提味增香；盐尽量晚点放，菜熟后再起锅放盐。

④"少点外卖,少吃零食",减少食盐损害身体健康的可能性。

100. 不吃盐更健康吗?

提倡少盐,是因为我们吃的盐太多了。多吃盐不健康,不吃盐也不行。

我国人均每日盐摄入量约为10.5克,比推荐的每日6克高出75%,东北地区日摄入盐更高达18克以上,是推荐量的3倍。特别是在外就餐,每人一餐摄入的盐,就已超过全天推荐的摄入量。

盐中的钠离子能够调节体内水分,维持酸碱平衡,维持血压正常,增强神经肌肉兴奋性,对人体健康有重要的作用。钠摄入不足会使机体细胞内外渗透压失去平衡,促使水分进入细胞内,从而产生不同程度的脑水肿,轻者出现意识障碍,严重的会导致心率加速、厌食、恶心。

所以,盐多有风险,不吃也不行。科学控盐,并非越少越好,按照推荐量,每日6克更健康。

101. 脂肪和糖,哪个是肥胖的主因?

单独的糖类饮食和脂类饮食都不会催肥,真正让人胖的,是吃得多。

日常饮食中,糖和脂常常是"隐藏"在食物中的,比如,你早餐吃了100克白面包,其中含糖约20克,喝100克酸奶,其中含糖约10克,中午吃半份鱼香肉丝,其中含糖约12克,下午喝了一杯加糖10克的咖啡。一天下来,轻轻松松地摄入了52克的添加糖。看上去你没有吃糖，实际上糖已经超标了！脂肪也同样。我们每天所吃各种食品中，糖分超高的食品如面包、甜甜圈、意大利面、土豆、米饭、蔬菜水果、可乐等；含脂肪超高的食品如奶酪、猪肉、牛排、带皮鸡肉、火腿和蛋黄等。

还是那句话：合理饮食，控制总量，均衡摄入各种营养素才健康。

102. 脂肪、油是一回事吗？

我们通常将食物中的油性物质称为油脂或者脂肪，这是一种根据它的成分和功能的简便叫法。事实上，油和脂是不同的油性物质，一般我们把常温下是液体的称作油，常温下是固体的称作脂肪，脂肪是由甘油、脂肪酸组成的甘油三酯。

103. 为什么说反式脂肪酸是对健康不利的不饱和脂肪酸？

2019年，世界卫生组织发布了一项行动指导方案，名为"取代"，计划在2023年前，彻底清除全球食品供应链中使用的工业反式脂肪，因为它每年引发50万人死亡。

（1）反式脂肪酸从哪里来

反式脂肪酸主要有三种来源：①源于天然食物。主要来自反刍动物，如牛、羊等的肉、脂肪、乳和乳制品，它们中的反式脂肪约占到总脂肪的2%～5%，含量相对较低。②食用油脂的氢化和精炼产品。③反复使用的煎炸油。

（2）长期、大量摄入反式脂肪酸对人体的危害

反式脂肪酸对健康的主要危害是增加心血管疾病的风险。至于肥胖，反式脂肪酸造成肥胖的"效果"是脂肪的7倍，是饱和脂肪酸的3、4倍。在同样食量下，吃的食物中反式脂肪酸含量越高的人，肥胖危险越大。对中小学生而言，反式脂肪酸会损害大脑发育，导致行为障碍等。

104.反式脂肪酸在哪些食物中含量较多？应注意哪些食品名？

两类食品中反式脂肪含量较高：一类是天然和人造奶油、黄油，以及添加此类物质量较多的食品；一类是使用氢化植物油加工的食品。具体来说，以下几种食品反式脂肪酸含量较高：①糕点零食：饼干、巧克力派、蛋黄派、蛋糕、糖果、巧克力、冰淇淋等。②速食快餐：汉堡、比萨、薯条。③饮品：奶茶、三合一咖啡等。④食用油：大豆油、调和油、菜籽油、花生油等。

要注意，反式脂肪酸产品的常用名有：人造脂肪、人造黄油、人造奶油、人造植物黄油、食物氢化油、起酥油、植物脂末、代可可脂、奶精等。反式脂肪酸产品中，反式脂肪酸的含量为：人造奶油7.1%～31.9%，人造黄油4.1%，起酥油10.3%～38.4%，奶酪5.7%，奶油面包9.3%，油炸土豆片0.8%～19.5%。

105.怎样控制反式脂肪酸的摄入量？

《中国居民膳食指南（2016）》建议：成人膳食中，反式脂肪酸的最高限量为每日不超过2克。那么我们该如何远离反式脂肪酸呢？①购买正规厂家出售的产品，多选用天然食品。②控制

油脂的摄入，少吃肥肉、奶油。少吃油炸食物，少用煎、炸等烹调方式，避免烹调油温度过高，避免反复使用煎炸用油。不拿糕点零食当主食。③购买食品时，认真看食品标签，不要被反式脂肪酸那些五花八门的代名词所迷惑。同时要特别注意，零反式脂肪酸≠不含反式脂肪酸。《预包装食品营养标签通则》中规定：当反式脂肪酸含量≤0.3%时，其含量标示为"0"。

106.我们需要哪些必需脂肪酸？

一些脂肪不仅对身体有益，而且还是维持生命的必要物质，科学家把这部分脂肪称为必需脂肪酸。所有的必需脂肪酸都是多不饱和脂肪酸，我们常听说的ω-3和ω-6就是必需脂肪酸。DHA、EPA是ω-3多不饱和脂肪酸的常见类型，DHA是脑细胞膜的主要构成成分，它还与EPA共同调节着人体的免疫和感染反应。这部分脂肪酸必须通过饮食摄入，人体没有办法自己合成，鱼肉、鸡蛋、坚果等食物中这样的好脂肪含量较高，可以通过食用这些食物来补充。

八 保证饮水量，饮料不是水

水是生命之源，在喝水这件事情上，很多人都认为水不仅多多益善，而且包治百病。那么，中小学生到底该一天喝多少水？喝什么水？怎么喝水？简单的喝水里面大有学问。

107. 人的需水量和哪些因素有关？

《中国居民膳食指南（2016）》建议，我国居民每天需要的饮水量为1500～1700毫升，约是普通瓶装矿泉水3瓶左右的量。但因为很多因素，每个人的需水量会有不同，如你的身高、体重——人体水分的蒸发跟他的体表面积有关，"块头"越大蒸发面积越大，需水量也就越大；又如需水量还与运动水平相关，运动量越大，需水量越大；因发烧、呕吐和腹泻而导致液体流失的则需水量越大。另外，需水量还与季节、海拔等都有密切的关系。

因此具体到每个人，需水量没有标准答案，即使同一个人，不同的季节和身体状况下，需要喝水的量也不是固定不变的。

108. 喝水真是多多益善吗？

当然不是，在饮水这件事情，我们强调的原则同样是适量、平衡。

虽然大家都劝你多喝水，但短时间内饮水过多，可能稀释身体里电解质浓度，导致系统紊乱，使身体产生不适感。

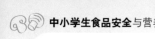

109.边吃饭边喝水会影响消化吗？

吃饭时，如果大量饮水，会影响消化。

由于胃内消化液会持续分泌，在吃饭过程中少量饮水，比如喝一小杯水，对胃液的影响其实并不大，不会引起消化不良症状。如果大量饮水，比如一整瓶矿泉水全喝下去，一方面会稀释胃内消化液浓度，另一方面会影响胃的蠕动，在一定程度上确实会影响消化功能，因此不提倡边吃饭边大量饮水的进食方式。

110.运动时更适合喝运动饮料吗？

不是。白开水永远是中小学生最好的饮料。运动饮料是调味饮料，通常含有碳水化合物、钠、钾、钙、镁等电解质，有时还含有维生素或其他营养素，通常含有咖啡因，会增加心率、血压，因而更不建议儿童和青少年饮用。

运动饮料虽然为运动设计，但因里面的添加成分不一定符合中小学生的生理需求，所以不建议中小学生饮用，除非是运动强度非常高且运动量非常大的专业青少年运动员，需要在专业人士指导下饮用运动饮料。

111.运动后喝什么能迅速补水？

由于运动、出汗，会使人体中钠离子流失，运动量非常大且运动时间长的孩子，可以自制运动达人的"补液水"：1升水（大约4杯）、1克盐、4克蜂蜜或糖、半杯柠檬汁等鲜榨果汁，混合摇匀即制作完成，如果冷藏，风味更佳。

112.饮料可以当水喝吗？

不可以。中小学生补充水分只推荐水、牛奶。如果觉得水寡淡无味，可以尝试在水中加入一片柠檬或酸橙。

可乐、冰糖雪梨汁等均属于含糖饮料，含糖较高，饮用后很容易摄入超标的糖分。另外，这些"高浓度"饮料，虽然刚开始喝的时候很解渴，但代谢的时候会从身体中带走水分，导致越喝越渴。如果实在想喝，最好在饮料中兑4倍水再喝，饮料饮用量每天控制在180毫升以内。

九　中小学生也需饮食调理，健康成长更美丽

113.为什么说"多吃牛排、鸡蛋、牛奶是抗疫最好的方法"？

在我们的身体内，可以杀死病毒抗体的主要成分是蛋白质中的氨基酸，当身体存储了充足的氨基酸，我们的机体才可能合成足量的抗体来对抗病毒。所以，抗击新冠疫情的杰出医生张文宏说，多吃"牛排、鸡蛋、牛奶是抗疫最好的方法。"

提高免疫力，需要保证优质蛋白质类食物摄入充足。动物蛋白质中的蛋、奶、肉、鱼等都属于优质蛋白。另外，大豆或豆制品，如豆腐、豆浆、腐竹等常见的食物中也富含优质蛋白。

调节免疫力的关键是均衡摄入营养素，如果你平日动物性食物摄入不足，需要适量增加，但要注意"适量"，因为过量摄入动物性食物，有可能引起肥胖和增加慢性病发生的风险。

114.怎样平衡免疫力？

免疫力作为身体健康的一道防火墙，既不能低下，又不能亢进。免疫力低下，身体更易受到外来损害。而免疫反应太强烈，又容易患上类风湿等自身免疫性疾病。

因此，在确保均衡膳食的基础上，适当增加摄入下列食物，有助平衡身体免疫力。①薯类。薯类富含大量维C、维生素B_1、钾、膳食纤维等，山药、芋头、红薯等还含有具免疫促进活性的黏蛋白。②吃深绿色、橙黄色蔬菜。深绿色蔬菜含丰富的叶酸，而叶酸是免疫物质合成所需的因子；橙黄色食物，如胡萝卜、南瓜、玉米富含胡萝卜素，可以在体内转变成维生素A，对铁元素代谢及维持身体免疫功能有重要作用。③深色水果。特别是富含维生素C和花青素的水果，像猕猴桃、橙子、蓝莓等，对激发免疫系统的活力十分有效。④选择豆制品。三高、心脏病、脂肪肝人群建议用大豆类制品来替代部分红肉类食物。家中长辈有上述状况的，同学们要多提示。⑤选择食用益生菌。研究证实，益生菌能提高免疫系统对病毒和细菌的反应能力。⑥适当运动，规律休息。建议每天做30～40分钟运动量较小的抗阻力运动，比如拉伸、牵拉、跳绳、瑜伽等。

115.补铁最有效的食物有哪些？

如果你小小年纪就容易疲劳、瞌睡，手脚冰凉、肌肤苍白，毛发干枯、指甲薄脆易裂，那就得注意，去检查一下是否缺铁，需要补充铁元素。缺铁会导致缺铁性贫血，这不仅会使你习惯性地口角皲裂，口腔发炎，而且还会影响你身体的生长发育、智力的发展成熟。

"红枣、红糖、菠菜补铁，用铁锅炒菜补铁"等说法并不科学。以下是补铁的好食物：①动物肝脏、动物血、瘦肉。每100克鸭血含铁30毫克，每100克猪肝、瘦肉等含铁量也在20毫克以上，它们在补铁食物榜上名列前茅。②还有很多食物含铁量也较高，如鱼、海鲜、禽、坚果、干果、豌豆、蛋、奶等，补铁效果也不错。③配合维生素C含量高的食物与铁含量高的食物一起食用，可增强身体对铁的吸收，维生素C含量高的食物如西红柿、苦瓜、猕猴桃、橘子等。

116.为什么那么多人需要补钙？

我们对钙这种营养素的需要，可谓从出生开始一直延续到生命终止。儿童补钙长得高，老人补钙腿脚好。钙维持身体的肌肉收缩、骨骼支撑、神经传导、凝血等基本生理功能。如果缺钙，身体就会出现如抽筋、心悸、易骨折、伤口不易愈合等情况。而且，近来一些科学家的研究还发现，缺钙的人容易肥胖。

虽然从20世纪80年代起，国家一直提倡补钙，但根据中国居民营养与健康状况监测（2010～2012年）结果发现，有 96.6% 的

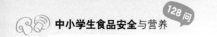

人群钙摄入不足，平均日摄入量为 364.3 毫克，低于中国营养学会推荐摄入量的一半。

117.怎样才能高效补钙？

按照《中国居民膳食指南（2016）》的摄入推荐量，青少年儿童每天需要摄取1000～1200毫克钙。2两豆腐干加2两蔬菜中的钙就能占到60%的推荐量，再配以肉蛋主食和牛奶，达到推荐摄入量应该不成问题。可调查显示，我国仍有约96%的人缺钙。

原因是：钙的吸收不好。如何才能高效地补钙呢？

大多数食物中的钙，在体内的吸收利用率一般为10%～40%，这就意味着，不少所谓的"高钙食物"其实对补钙的帮助并没有想象中那么大。如虾皮，每100克含钙量5000毫克，但吃的时候，2、3克虾皮就已经不少了，再多就很咸，而且消化过程中钙的吸收利用率不足20%，实际被吸收的钙量也就寥寥无几了。

所以要补钙我们不能只看食物的钙含量，还要选择吸收率高、食用量大的食物。比如牛奶，虽然含钙量远低于虾皮，但牛奶中的钙吸收利用率可达50%以上，而且喝牛奶的量一般以百毫升计算。更何况，在日常饮食中，确保每天喝牛奶要比每天吃虾皮容易得多。因此就补钙效果而言，"高钙"的虾皮远不如"低钙"的牛奶。

所以，要想通过饮食提高补钙效果，就应按照中国居民膳食宝塔的推荐，每日进行合理的饮食搭配，保证每日乳及乳制品摄入建议量300毫升左右，并且尽量保证300～500克的蔬菜摄入，补钙就会变得高效。

118.含钙较高的蔬食有哪些?

　　除了我们熟悉的牛奶、虾蟹等钙含量较多、利用率较高的食品外，一些蔬食中也含有较高的钙元素。

食物	含量 [毫克（100克食物的含钙量）]	食物	含量 [毫克（100克食物的含钙量）]
豆腐干	352	红薯叶	180
荠菜	294	小油菜	153
芥菜	230	南豆腐	113
绿苋菜	187	北豆腐	105

数据来源：《中国食物成分表》标准版第六版

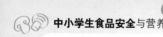

119. 钙补充剂怎么选？

如果确诊缺钙，除了食物补充以外，如医生认为必要，也可吃钙剂进行补钙。

事实上，无论是碳酸钙、柠檬酸钙、乳酸钙、葡萄糖酸钙还是磷酸钙，补钙效果都很接近，可以优先选择乳钙成分的钙剂。其他方面，本着一分价钱一分货的原则选择，就不会有错。

另外，有的补钙剂添加了维生素D以促进钙的吸收。理论上，维生素D的确对血钙有双向调节的作用，且可以提升身体对钙的吸收利用率。但是，维生素D的获得并不难，其实只要每天保证30分钟以上的户外活动，基本就可以保证获得充足的维生素D，一般不需要额外补充。因此，如果两个钙剂含量类似，区别只是有无添加维生素D，这时就可遵循"实惠"的原则，选便宜的。

120. 补钙剂，怎么吃更利于吸收？

提高补钙效率的吃法：注意尽量避免单次大量服用补钙剂，建议少量多次，每天分成2、3次补充，这样更有利于高效补钙。

121. 能帮助我们提高记忆力的食物有哪些？

大脑的发育和运转需要多种营养素的平衡供给，期待吃某一类食品就迅速发生"奇迹"是不可能的，选择多样的食物，多摄入优质蛋白，不仅对身心健康大有裨益，而且能促进大脑的发育，帮助你更加聪明。

(1) 蔬菜、浆果和坚果

西兰花、花椰菜、羽衣甘蓝、球芽甘蓝、芝麻菜等十字花科类蔬菜富含纤维、叶酸、钾和维生素，能够延缓认知能力衰退。富含抗氧化剂的浆果能够清理有害的自由基，减少炎症发生，增强记忆力。花生、核桃等坚果是不饱和脂肪、多元不饱和脂肪、优质矿物质和维生素的来源，适量吃点坚果有助于提高学习能力和记忆能力。

(2) 健康脂肪和优质蛋白

鱼肉含有丰富的脑黄金DHA，对提高大脑的记忆能力和思考能力非常重要，能够防止脑细胞退化，延缓大脑的衰老。鸡蛋被营养学家称为"蛋白质的理想类型"，特别是蛋黄含有的卵磷脂、甘油三酯、胆固醇和卵黄素，对神经发育有很重要的作用，能够促进大脑发育，增强记忆力。

(3) 发酵食品

发酵食品中乳酸菌和其他健康肠道细菌的含量较高。肠道菌群平衡在促进健康和保持认知能力方面发挥着重要作用。

此外，南瓜、胡萝卜、番薯等食物中富含β-胡萝卜素，有助于脑部运转，维持大脑敏锐的思考能力。藻类食物中的磺类物质也是大脑发育不可缺少的物质，海带中的亚油酸、卵磷脂等营养成分有健脑功效。

122.怎样通过饮食调理缓解睡眠困难？

我们都希望自己能拥有婴儿般的睡眠，充足而高质量的睡眠对青少年成长发育至关重要。然而，大数据告诉我们，每四位青少年中就有一位睡眠"困难户"，存在入睡困难、多梦、醒后疲惫等困扰。

营养专家的建议是，为了顺利安眠，睡前请注意：①远离酒精、咖啡因（咖啡、茶等），这些食物容易使人兴奋，同理，要避免吸入二手烟；②少吃甜食、巧克力及辛辣、高脂食物，这些食物也容易使神经兴奋；③睡前不要吃太饱，也别喝太多。要休息了，睡前吃太多会令肠胃处于"加班"的状态，这影响睡眠质量，也容易使体重增加，成为一个影响健康的坏循环。

123.考前冲刺阶段该怎样安排饮食?

平时小考成绩影响你的期末成绩，大考成绩决定你未来去向，考试对学生而言太重要了。考前饮食安全、营养是重点，讨个口彩、图个心理安慰并无实际意义。

考前饮食，保障身体不出问题，大脑发挥正常更重要。考前饮食应遵循四项原则：①饮食安全第一。吃好是锦上添花，吃不好就是雪上加霜啦，因此，要保障绝对安全，绝对不能吃坏肚子。②要保证足量饮水。水是代谢的动力、消炎去火的营养素，要把多喝热水从口头禅变成日常饮食习惯。③吃好饭睡好觉。均衡饮食和充足睡眠是真正的"助力器"，帮助你心明眼亮，心灵手巧。④切忌乱吃乱补。坊间流传的各种"补"，关键时候有可能帮倒忙。

考前饮食应注意，以前从没吃过的不吃；生冷和难消化的食物不吃；油炸的和高脂高糖的食物不吃；果汁甜饮少喝。

总之，考试期间，饮食不求花样百出，但求安全+均衡+营养。安全是首要，卫生是保障，均衡是核心，外加充足的休息、放松的心态、适度的运动，是帮助孩子考试正常或超常发挥最靠谱的后勤。

124.哪些是与"爆痘"有关的饮食？

皮肤爆痘到底是什么原因，专家们还在研究。但大数据告诉我们，青少年总是比成年人更容易爆豆。大数据还告诉我们，你的吃喝，常常会"写"在你的脸上：

每天吃一份（即100克）高脂和含糖食物，长痘的风险增加54%；

每天喝一杯200毫升含糖饮料，长痘的风险增加18%；

每天喝一杯200毫升牛奶，长痘的风险增加12%；

长期吃高热量食品，长痘风险增加13%。

以上相关性是"剂量依赖性"的，用大白话解释就是：高风险食物吃得越多，爆痘风险越高。若每天喝1000毫升牛奶，爆痘风险升高76%；每天喝1000毫升含糖饮料，爆痘风险升高119%；每餐如果都是高脂和高糖食品，爆痘风险升高7倍多！大量摄入精细碳水化合物或饱和脂肪酸，长痘的风险也会分别显著增加43%和290%。通过上面这些数据，我们大致能够归纳出这样的关系：爆痘与多吃肉、多吃油、多吃糖密切相关；多吃新鲜水果、蔬菜和鱼类的人，爆痘的概率会低很多。

总之，高脂、高糖、重口味饮食摄取量与痘痘飙升密切相关。

125.远离痘痘该怎样吃？

作为"战痘"治疗的一种辅助手段，饮食调整也得到了科学家的认可，少吃重油浓酱的重口味食品，清淡饮食，多吃新鲜蔬菜水果，会有助于你"战痘"胜利。

①多吃鱼虾、鸡蛋、胡萝卜、蔬菜等富含维生素A的食物，有益于上皮细胞的增生，调节皮肤汗腺功能，减少汗渍对皮肤的伤害，消除粉刺。②多吃肉类、全谷物、坚果等富含B族维生素的食物。B族维生素有助于保持皮肤湿润光滑，尤其是维生素B_2能促进皮脂代谢；维生素B_6促进皮肤新陈代谢。③多吃贝类、瘦肉、牛奶等锌含量较高的食物，对抑制皮肤长痘痘也有一定的作用。

126.缓解压力该注重摄取哪些营养素？

学习生活压力大，正确饮食帮你缓解它。食物中不同的营养素各司其职，帮你调节身体，缓解压力。

（1）维生素C

在高度焦虑的情况下，维生素C可以帮助降低一种叫做皮质醇的压力荷尔蒙和血压的水平。常见食物中，酸枣、白菜、辣椒、大蒜、芥蓝、豌豆苗、菜花、西蓝花等蔬菜，以及木瓜、荔枝等水果的维生素C含量都比较高。

（1）复合碳水化合物

复合碳水化合物可以诱导大脑增加5羟色胺的产生，稳定血压，也可作为一种减轻压力的方法。我们常见的全谷物、蔬菜和水果中，都含有这种营养素。

(3) 镁

镁对于避免头痛和疲劳是必要的，它还可以有效缓解女生生理期前后的情绪变化、改善睡眠质量。常见食物中的南瓜子、山核桃、黑芝麻、葵花子、杏仁、虾皮、豆类、大麦等食物中镁含量较高，黄鱼、猪肉、牛奶、鸡蛋等食物中也含有镁元素。

(4) ω-3脂肪酸

ω-3脂肪酸可以减少应激反应激素的骤然增加，预防心脏病、抑郁症和生理期综合征。亚麻籽油、紫苏油、胡麻油中的ω-3脂肪酸多不饱和脂肪酸含量丰富。松子、栗子、核桃、干豆类及其制品也含有10%～20%的ω-3脂肪酸。另外也可以选择牛羊肉与其奶制品、水产品来补充ω-3脂肪酸。

(5) B族维生素

B族维生素对维持神经正常代谢功能，缓解压力有帮助。B族维生素是一个庞大的家族，包括维生素B_1，维生素B_2，维生素B_6，维生素B_{12}，以及叶酸等。各种B族维生素存在于不同的食物中，需要饮食多样，方能汲取多种类的营养素。

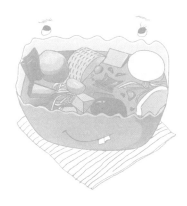

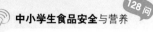

127. 真的有"垃圾食品"吗？

应该说，没有垃圾食品，只有烹调方式不当的垃圾做法，和搭配不合理的垃圾吃法。

比如方便面，你一定听人说过"方便面是垃圾食品，一定要少吃点儿。"方便面的原料和加工决定了方便面的营养价值介于炸油饼和油炒面之间。它其实是良好的能量食品，同样的重量，方便面可以提供比馒头米饭更多的热量和脂肪。在某些特殊情况下，方便面可以暂时为人们补充能量。

单纯就食物本身讲，方便面并非垃圾食品。但是如果搭配不合理，确实会有不健康隐患——如经常用方便面代替正餐且不搭配其他食物，会造成营养不平衡和多种微量营养素缺乏的问题。因此，如果偶尔一定要用它代餐，最好加一个鸡蛋或少量豆制品、蔬菜，饭后吃一些水果，使缺乏的营养能得到补充。这才是方便面的正确吃法。

128. 为什么未成年人不能饮酒？

酒精作为一种精神活性物质，对人的心、脑、血管、消化系统、肝脏等器官产生很强的刺激作用。未成年人喝酒的危害尤其大，不仅影响学习，更影响身体的健康成长。

(1) 饮酒损害神经系统和大脑，影响学习

未成年人的神经系统及大脑在未发育成熟前，即使少量饮酒，也可能对大脑产生一定的损害，可能导致智力发育迟缓。酒还会使注意力分散，记忆力减退，影响学习。

(2) 饮酒降低免疫力

未成年人喝酒还会导致免疫力降低，酒后毛细血管扩张，散热增加，抵抗力下降，容易患病。

(3) 伤害肝脏

酒精被人体吸收后，主要靠肝脏解毒，而青少年的肝细胞分化不完全，饮酒容易造成肝脾肿大，使血液中的胆红质、转氨酶及碱性磷酸酶增高，影响肝功能。

(4) 酒精伤胃

未成年人正处于生长发育的阶段，身体各个器官的发育还不成熟，尤其是胃等消化器官还很娇嫩，对各种刺激比较敏感。酒精会刺激胃黏膜，影响胃酸和胃酶的分泌而导致消化不良，而且还可使胃血管充血受损，导致胃炎和胃溃疡，有时还会引起急性胰腺炎。

（5）影响性格

酒精还会影响未成年人的情绪和个性，使其变得易怒、固执、变化无常，久而久之，会使正处于个性定型时期的青少年出现性格缺陷。

（6）助长其他不良嗜好

青少年自我节制能力较差，酒后容易变得冲动，挑衅闹事，醉酒生祸，甚至引发犯罪行为。

未成年人酗酒不是简单的不良嗜好，酒对青少年身心毒害严重，必须杜绝。

附录

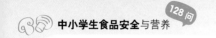

1.中小学生一天需要的热量值

《中国居民膳食指南（2016）》中，列出中国居民每日所需热量值，同学们可以依据年龄和性别"对号入座"，把控好每日热量摄入量。

男生			女生		
年龄	热量值（千焦）	热量值（千卡）	年龄	热量值（千焦）	热量值（千卡）
6 岁	5852	1400	6 岁	5233	1250
7 岁	6279	1500	7 岁	5651	1350
8 岁	6907	1650	8 岁	6070	1450
9 岁	7326	1750	9 岁	6488	1550
10 岁	7535	1800	10 岁	6907	1650
11 岁	8581	2050	11 岁	7535	1800
14—17 岁	10465	2500	14—17 岁	8372	2000
18—49 岁	9419	2250	18—49 岁	7535	1800

注：千焦与千卡（又叫大卡，1000卡）均为热量单位，千卡为非法定计量单位，1千卡≈4.186千焦。

2.418.6焦耳（100卡路里）热量——从这些食物、这么多量中可以得到

当人们摄入的热量超过支出的热量时，剩余的热量就会在身体里变成脂肪，囤积下来，久而久之令人肥胖，改变我们的形体。

一般而言，我们每天的基本热量需求，成年男性为9500千焦左右，成年女性为7535千焦左右。那吃多少东西就能满足我们每

天的热量需求呢？我们可以依据下表中的食物分量及热量，估算我们每天合理的饮食量。

热量（焦耳）	热量（卡路里）	食物量
418.6	100	1/4 个巧克力牛角面包
418.6	100	大半罐可乐
418.6	100	一小串葡萄 + 一个苹果
418.6	100	一勺冰淇淋
418.6	100	半个麦芬蛋糕
418.6	100	四颗半巴西坚果
418.6	100	200 毫升的橙汁
418.6	100	一根香蕉
418.6	100	一个水煮蛋 + 一小块全麦吐司
418.6	100	几十个桑葚
418.6	100	150 毫升的巧克力奶昔
418.6	100	四颗桃子
418.6	100	一小块夹心饼干
418.6	100	六颗半棉花糖
418.6	100	一杯啤酒
418.6	100	23 克的薯片
418.6	100	一根巧克力棒
418.6	100	125 毫升的白葡萄酒
418.6	100	一盘草莓
418.6	100	一条半培根
418.6	100	半块巧克力奶油蛋糕
418.6	100	四个半核桃
418.6	100	半小块牛奶巧克力（约 8 克）
418.6	100	一勺花生酱 + 一片全麦面包

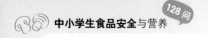

中小学生食品安全与营养 128问

续表

热量（焦耳）	热量（卡路里）	食物量
418.6	100	两块雅法蛋糕
418.6	100	7颗水果糖
418.6	100	10片黄瓜 +1块土豆泥燕麦饼
418.6	100	2块黑麦饼干 +80克奶酪
418.6	100	8个杏脯
418.6	100	1盘黄瓜胡萝卜 +36克土豆泥
418.6	100	1勺葡萄干
418.6	100	1勺瓜子仁